U0506549

训儿俗说
译注

[明]袁了凡　著

林志鹏　华国栋　译注

上海古籍出版社

"十三五"国家重点图书出版规划项目

上海市促进文化创意产业发展财政扶持资金资助项目

目录

"中华家训导读译注丛书"出版缘起

一、家训与传统文化

中国传统文化的复兴已然是大势所趋，无可阻挡。而真正的文化振兴，随着发展的深入，必然是由表及里，逐渐贴近文化的实质，即回到实践中，在现实生活中发挥作用，影响和改变个人的生活观念、生命状态，乃至改变社会生态，而不是仅仅停留在学院中的纸上谈兵，或是媒体上的自我作秀。这也已然为近年的发展进程所证实。

文化的传承，通常是在精英和民众两个层面上进行，前者通过经典研学和师弟传习而薪火相传，后者沉淀为社会价值观念、化为乡风民俗而代代相承。这两个层面是如何发生联系的，上层是如何向下层渗透的呢? 中华文化悠久的家训传统，无疑在其中起到了重要作用。士子学人

（文化精英）将经典的基本精神、个人习得的实践经验转化为家训家规教育家族子弟，而其中有些家训，由于家族的兴旺发达和名人代出，具有很好的示范效应，而得以向外传播，飞入寻常百姓家，进而为人们代代传诵，其本身也具有经典的意味了。由本丛书原著者一长串响亮的名字可以看到，这些著作者本身是文化精英的代表人物，这使得家训一方面融入了经典的精神，一方面为了使年幼或文化根基不厚的子弟能够理解，并在日常生活中实行，家训通常将经典的语言转化为日常话语，也更注重实践的方便易行。从这个意义上说，家训是经典的通俗版本，换言之，家训是我们重新亲近经典的桥梁。

对于从小接受现代教育（某种模式的西式教育）的国人，经典通常显得艰深和难以接近（其中的原因，下文再作分析），而从家训入手，就亲切得多。家训不仅理论话语较少，更通俗易懂，还常结合身边的或历史上的事例启发劝导子弟，特别注重从培养良好的生活礼仪习惯做起，从身边的小事做起，这使得传统文化注重实践的本质凸显出来（当然经典也是在在处处都强调实践的，只是现代教育模式使得经典的实践本质很容易被遮蔽）。因此，现代人学习传统文化，从家训入手，不失为一个可靠而方便的途径。

此外，很多人学习家训，或者让孩子读诵家训，是为了教育下一代，这是家训学习更直接的目的。年青一代的父母，越来越认识到家庭教育的重要性，并且在当前的语境中，从传统文化为内容的家庭教育可以在很大程度上弥补学校教育的缺陷。这个问题由来已久，自从传统教育让位于西式学校教育（这个转变距今大约已有一百年）以来，很多有识之士认识到，以培养完满人格为目的、德育为核心的传统教育，被以知识技能教育为主的学校教育取代，因而不但在教育领域产生了诸多问题，并且是很多社会问题的根源。在呼吁改革学校教育的同时，很多文化精英选择了加强家庭教育来做弥补，比如被称为"史上最强老爸"的梁启超自己开展以传统德育为主的家庭教育配合西式学校，成就了"一门三院士，九子皆才俊"的佳话（可参阅上海古籍出版社即将出版的《我们今天怎样做父亲——梁启超的家庭教育》）。

本丛书即是基于以上两个需求，为有志于亲近经典和传统文化的人，为有意尝试以传统文化为内容的家庭教育、希望与儿女共同学习成长的朋友量身定做的。丛书精选了历史上最有代表性的家训著作，希望为他们提供切合实用的引导和帮助。

二、读古书的障碍

现代人读古书，概括说来，其难点有二：首先是由于文言文接触太少，不熟悉繁体字等原因，造成语言文字方面的障碍。不过通过查字典、借助注释等办法，这个困难还是相对容易解决的。更大的障碍来自第二个难点，即由于文化的断层，教育目标、教育方式的重大转变，使得现代人对于古典教育、对于传统文化产生了根本性的隔阂，这种隔阂会反过来导致对语词的理解偏差或意义遮蔽。

试举一例。《论语》开篇第一章：

子曰："学而时习之，不亦说（'说'，通'悦'）乎？有朋自远方来，不亦乐乎？人不知而不愠，不亦君子乎？"

字面意思很简单，翻译也不困难。但是，如何理解句子的真实含义，对于现代人却是一个考验。比如第一句，"学而时习之"，很容易想当然地把这里的"学"等同于现代教育的"学习知识"，那么"习"就成了"复习功课"的意思，全句就理解为学习了新知识、新课程，要经常复习它——一直到现在，中小学在教这篇课文时，基本还是这么解释的。但是这里有个疑问：我们每天复习功课，真的会很快乐吗？

对古典教育和传统文化有所理解的人，很容易看到，这里发生了根本性的理解偏差。古人学习的目的跟现代教育不一样，其根本目的是培养一个人的德行，成就一个人格完满、生命充盈的人，所以《论语》通篇都在讲"学"，却主要不是传授知识，而是在讲做人的道理、成就君子的方法。学习了这些道理和方法，不是为了记忆和考试，而是为了在生活实践中去运用、在运用时去体验，体验到了、内化为生命的一部分才是真正的获得，真正的"得"即生命的充盈，这样才能开显出智慧，才能在生活中运用无穷（所以孟子说：学贵"自得"，自得才能"居之安""资之深"，才能"取之左右逢其源"）。如此这般的"学习"，即是走出一条提升道德和生命境界的道路，到达一定生命境界高度的人就称之为君子、圣贤。养成这样的生命境界，是一切学问和事业的根本（因此《大学》说

"自天子以至于庶人，壹是皆以修身为本"），这样的修身之学也就是中国文化的根本。

所以，"学而时习之"的"习"，是实践、实习的意思，这句话是说，通过跟从老师或读经典，懂得了做人的道理、成为君子的方法，就要在生活实践中不断（时时）运用和体会，这样不断地实践就会使生命逐渐充实，由于生命的充实，自然会由内心生发喜悦，这种喜悦是生命本身产生的，不是外部给予的，因此说"不亦说乎"。

接下来，"有朋自远方来，不亦乐乎"，是指志同道合的朋友在一起共学，互相交流切磋，生命的喜悦会因生命间的互动和感应，得到加强并洋溢于外，称之为"乐"。

如果明白了学习是为了完满生命、自我成长，那么自然就明白了为什么会"人不知而不愠"。因为学习并不是为了获得好成绩、找到好工作，或者得到别人的夸奖；由生命本身生发的快乐既然不是外部给予的，当然也是别人夺不走的，那么别人不理解你、不知道你，不会影响到你的快乐，自然也就不会感到郁闷（"人不知而不愠"）了。

以上的这种理解并非新创。从南朝皇侃的《论语义疏》到宋朱熹的《论语集注》(朱熹《集注》一直到清朝都是最权威和最流行的注本)，这种解释一直占主流地位。那么问题来了，为什么当代那么多专家学者对此视而不见呢? 程树德曾一语道破："今人以求知识为学，古人则以修身为学。"(见程先生撰于 1940 年代的《论语集释》)之所以很多人会误解这三句话，是由于对古典教育、传统文化的根本宗旨不了解，或者不认同，导致在理解和解释的时候先入为主，自觉或不自觉地用了现代观念去"曲解"古人。因此，若使经典和传统文化在今天重新发挥作用，首先需要站在古人的角度理解经典本身的主旨，为此，在诠释经典时，就需要在经典本身的义理与现代观念之间，有一个对照的意识，站在读者的角度考虑哪些地方容易产生上述的理解偏差，有针对性地作出解释和引导。

三、家训怎么读

基于以上认识，本丛书尝试从以下几个方面加以引导。首先，在每种书前冠以导读，对作者和成书背景做概括介绍，重点说明如何以实践为中心读这本书。

再者，在注释和白话翻译时尽量站在读者的立场，思考可能发生的遮蔽和误解，加以解释和引导。

第三，本丛书在形式上有一个新颖之处，即在每个段落或章节下增设"实践要点"环节，它的作用有三：一是说明段落或章节的主旨。尽量避免读者仅作知识性的理解，引导读者往生活实践方面体会和领悟。

二是进一步扫除遮蔽和误解，防止偏差。观念上的遮蔽和误解，往往先入为主比较顽固，仅仅靠"简注"和"译文"还是容易被忽略，或许读者因此又产生了新的疑惑，需要进一步解释和消除。比如，对于家训中的主要内容——忠孝——现代人往往从"权利平等"的角度出发，想当然地认为提倡忠孝就是等级压迫。从经典的本义来说，忠、孝在各自的语境中都包含一对关系，即君臣关系（可以涵盖上下级关系），父子关系；并且对关系的双方都有要求，孔子说"君君、臣臣，父父、子子"，是说君要有君的样子，臣要有臣的样子，父要有父的样子，子要有子的样子，对双方都有要求，而不是仅仅对臣和子有要求。更重要的是，这个要求是"反求诸己"的，就是各自要求自己，而不是要求对方，比如做君主的应该时时反观内省是不是做到了仁（爱民），做大臣的反观内省是不是做到了忠；做父亲的反观内省是不是做到了慈，做儿子的反观内省是不是做到了孝。（《礼记·礼运》："何谓人义？父慈、子孝，兄良、弟悌，夫义、妇听，长惠、幼顺，君仁、臣忠。"）如果只是要求对方做到，自己却不做，就完全背离了本义。如果我们不了解"一对关系"和"自我要求"这两点，就会发生误解。

再比如古人讲"夫妇有别"，现代人很容易理解成男女不平等。这里的"别"，是从男女的生理、心理差别出发，进而在社会分工和责任承担方面有所区别。不是从权利的角度说，更不是人格的不平等。古人以乾坤二卦象征男女，乾卦的特质是刚健有为，坤卦的特征是宁顺贞静，乾德主动，坤德顺乾德而动；二者又是互补的关系，乾坤和谐，天地交感，才能生成万物。对应到夫妇关系上，做丈夫需要有担当精神，把握方向，但须动之以义，做出符合正义、顺应道理的选择，这样妻子才能顺之而动（"夫义妇听"），如果丈夫行为不合正义，怎能要求妻子盲目顺从呢？同时，坤德不仅仅是柔顺，还有"直方"的特点（《易经·坤·象》："六二之动，直以方也"），做妻子也有正直端方、勇于承担的一面。在传统家庭中，如果丈夫比较昏暗懦弱，妻子或母亲往往默默支撑起整个家庭。总之，夫妇有别，也需要把握住"一对关系"和"自我要求"两个要点来理解。

除了以上所说首先需要理解经典的本义，把握传统文化的根本精神，同时也需要看到，经典和文化的本义在具体的历史环境中可能发生偏离甚至扭曲。当一种文化或价值观转化为社会规范或民俗习惯，如果这期间缺少文化精英的引领和示范作用，社会规范和道德话语权很容易被权力所掌控，这时往往表现为，在一对关系中，强势的一方对自己缺少约束，而是单方面要求另一方，这时就背离了经典和文化本义，相应的历史阶段就进入了文化衰敝期。比如在清末，文化精神衰落，礼教丧失了其内在的精神（孔子的感叹"礼云礼云，玉帛云乎哉？乐云乐云，钟鼓云乎哉？"就是强调礼乐有其内在的精神，这个才是根本），成为了僵化和束缚人性的东西。五四时期的很大一部分人正是看到这种情况（比如鲁迅说"吃人的礼教"），而站到了批判传统的立场上。要知道，五四所批判的现象正是传统文化精神衰敝的结果，而非传统文化精神的正常表现；当代人如果不了解这一点，只是沿袭前代人一些有具体语境的话语，其结果必然是道听途说、以讹传讹。而我们现在要做的，首先是正本清源，了解经典的本义和文化的基本精神，在此基础上学习和运用其实践方法。

三是提示家训中的道理和方法如何在现代生活实践中应用。其中关键的地方是，由于古今社会条件发生了变化，如何在现代生活中保持家训的精神和原则，而在具体运用时加以调适。一个突出的例子是女子的自我修养，即所谓"女德"，随着一些有争议的社会事件的出现，现在这个词有点被污名化了。前面讲到，传统的道德讲究"反求诸己"，女德本来也是女子对道德修养的自我要求，并且与男子一方的自我要求（不妨称为"男德"）相配合，而不应是社会（或男方）强加给女子的束缚。在家训的解读时，首先需要依据上述经典和文化本义，对内容加以分析，如果家训本身存在僵化和偏差，应该予以辨明。其次随着社会环境的变化，具体实践的方式方法也会发生变化。比如现代女子走出家庭，大多数女性与男性一样承担社会职业，那么再完全照搬原来针对限于家庭角色的女子设置的条目，就不太适用了。具体如何调适，涉及具体内容时会有相应的解说和建议，但基本原则与"男德"是一样的，即把握"女德"和"女礼"的精神，调适德的运用和礼的条目。此即古人一面说"天不变道亦不变"（董仲舒语），一面说礼应该随时"损益"（见《论语·为政》）的意思。当然，如何调适的问题比较重大，"实践要点"中也只能提出编注者的个人意见，或者提供一个思路供读者参考。

综上所述，丛书的全部体例设置都围绕"实践"，有总括介绍、有具体分析，反复致意，不厌其详，其目的端在于针对根深蒂固的"现代习惯"，不断提醒，回到经典的本义和中华文化的根本。基于此，丛书的编写或可看做是文化复兴过程中，返本开新的一个具体实验。

四、因缘时节

"人能弘道，非道弘人。"当此文化复兴由表及里之际，急需勇于担当、解行相应的仁人志士；传统文化的普及传播，更是迫切需要一批深入经典、有真实体验又肯踏实做基础工作的人。丛书的启动，需要找到符合上述条件的编撰者，我深知实非易事。首先想到的是陈椰博士，陈博士生长于宗族祠堂多有保留、古风犹存的潮汕地区，对明清儒学深入民间、淳化乡里的效验有亲切的体会；令我喜出望外的是，陈博士不但立即答应选编一本《王阳明家训》，还推荐了好几位同道。通过随后成立的这个写作团队，我了解到在中山大学哲学博士（在读的和已毕业的）中间，有一拨有志于传统修身之学的朋友，我想，这和中山大学的学习氛围有关——五六年前，当时独学而少友的我惊喜地发现，中大有几位深入修身之学的前辈老师已默默耕耘多年，这在全国高校中是少见的，没想到这么快就有一批年轻的学人成长起来了。

郭海鹰博士负责搜集了家训名著名篇的全部书目，我与陈、郭等博士一起商量编选办法，决定以三种形式组成"中华家训导读译注丛书"：一、历史上已有成书的家训名著，如《颜氏家训》《温公家范》；二、在前人原有成书的基础上增补而成为更完善的版本，如《曾国藩家训》《吕留良家训》；三、新编家训，择取有重大影响的名家大儒家训类文章选编成书，如《王阳明家训》《王心斋家训》；四、历史上著名的单篇家训另外汇编成一册，名为《历代家训名篇》。考虑到丛书选目中有两种女德方面的名著，特别邀请了广州城市职业学院教授、国学院院长宋婕老师加盟，宋老师同样是中山大学哲学博士出身，学养深厚且长期从事传统文化的教育和弘扬。在丛书编撰的中期，又有从商界急流勇退、投身民间国学教育多年的邵逝夫先生，精研明清家训家风和浙西地方文化的张天杰博士的加盟，张博士及其友朋团队不仅补了《曾国藩家训》的缺，还带来了另外四种明清家训；至此丛书全部 13 册的内容和编撰者全部落实。丛书不仅顺利获得上海古籍出版社的选题立项，且有幸列入"十三五"国家重点图书出版规划增补项目，并获上海市促进文化创意产业发展财政扶持资金（成果资助类项目—新闻出版）资助。

由于全体编撰者的和合发心，感召到诸多师友的鼎力相助，获致多方善缘的积极促成，"中华家训导读译注丛书"得以顺利出版。

这套丛书只是我们顺应历史要求的一点尝试，编写团队勉力为之，但因为自身修养和能力所限，丛书能够在多大程度上实现当初的设想，于我心有惴惴焉。目前能做到的，只是自尽其心，把编撰和出版当做是自我学习的机会，一面希冀这套书给读者朋友提供一点帮助，能够使更多的人亲近传统文化，一面祈愿借助这个平台，与更多的同道建立联系，切磋交流，为更符合时代要求的贤才和著作的出现，做一颗铺路石。

刘海滨

2019 年 8 月 30 日，己亥年八月初一

导　读

林志鹏

一

　　有明一代之思想学术，阳明心学的勃兴实乃一"大事因缘"。明宪宗成化年间（1465—1487），江门陈献章（世称白沙先生，1428—1500）倡"自得"之学于岭南，主张学宗自然、静养心体，一改程朱官学之旧习，启发明代学术"渐入精微"的新风气。姚江王阳明（1472—1529）继之而起，揭"致良知"之教，直称"圣人之学，心学也"（《王阳明全集》），自此"心学"大明，风靡大江南北。一方面，这场发端于陈白沙、大成于王白沙的"道学革新运动"（嵇文甫语）极大地撼动了明代官方意识形态，加深了儒学与佛道二教之间的渗透与融摄，进一步推动了"三教汇通"的思潮，深刻地改变了明代中后期的思想格局。阳明心学因获得官方认同而俨然成为中晚明的主流思想，风行草偃般地传播开来。另一方面，心学内部尤其是王阳明门下也与很多门派传承一样，"学焉各得其性之所近，源远而末益分"，虽然门人弟子共同标榜圣学，但宗旨迭出，异说纷呈，塑造出斑驳陆离、五彩缤纷的晚明思想史面貌。"照耀着这时代的，不是一轮赫然当空的太阳，而是许多道光彩纷披的明霞"（嵇文甫《晚明思想史论》）。在这些"光彩纷披的明霞"中，有一道特别引人瞩目，就是作为阳明后学而又汇通三教的袁了凡。

袁了凡（1533—1606）初名袁表，后改名袁黄，字坤仪，初号学海，因"悟立命之说，而不欲落凡夫窠臼"，故改号了凡，世称了凡先生。明世宗嘉靖十二年（1533）生于浙江嘉善魏塘，神宗万历十四年（1586）进士，万历十六年（1588）至万历二十年（1592）任河北宝坻知县，后升任兵部职方司主事。时值朝鲜"壬辰倭乱"，年届花甲的了凡以"军前赞画"身份入朝抗倭。因与都督李如松意见不合，不逾年即遭削籍，返乡后定居吴江赵田。了凡晚年主要从事著述及教子，并致力于慈善活动，于万历三十四年（1606）去世。明熹宗天启元年（1621），吏部尚书赵南星"追叙征倭功"，被追赠为"尚宝司少卿"。

了凡出身于诗礼相传的"文献世家"，其曾祖袁颢、祖父袁祥、父亲袁仁三代都有诠释解析儒家"五经"的论著传世，他本人更延续了家学传统，撰有《袁氏易传》《毛诗袁笺》《尚书大旨》《春秋义例全书》《四书疏意》《四书删正》等阐释儒家经典的著作。据史料记载，了凡自幼聪颖，

"好奇尚博,四方游学,学书于文衡山,学文于唐荆川、薛方山,学道于王龙溪、罗近溪",于"河洛、象纬、律吕、水利、河渠、韬钤、赋役、屯田、马政及太乙、岐黄、奇门、六壬、勾股、堪舆、星命之学,靡不洞悉原委",足见其博采精择、学无常师。他的一生,历经了"六应秋试(乡试)"又"六上春官(会试)"的漫长举业生涯,走的是一条由"儒生"而"儒士"、由"儒士"而"儒吏"、由"儒吏"而"乡绅"的典型儒家士大夫道路。

在时人殷迈(1512—1577)的眼中,了凡是一位"博洽淹贯之儒"(《袁了凡文集》);晚明刘宗周(1578—1645)亦云,"了凡,学儒者也"(《刘子全书》);在明末清初的朱鹤龄(1606—1683)看来,他是汇通三教的"通儒"(《愚庵小集》);而在成书于清乾隆四十年(1775)的《居士传》中,在具有居士身份的彭绍升(1740—1796)笔下,了凡俨然成为一位"真诚恳挚""以祸福因果导人"的虔诚佛教居士。诚然,由于家庭氛围的影响以及个人学术兴趣,了凡身上带有较为浓厚的儒释道三教汇通色彩,其晚年居家修持,亦确有"了凡居士"之名;但是倘若认真考察他的生命轨迹,了解他"六应秋试"又"六上春官"的科举生涯,知晓他曾以"兵部职方司主事"身份"调护诸军"出征朝鲜,并"以亲兵千余破倭将清正于咸境,三战斩馘二百二十五级,俘其先锋将叶实"的历史,就会感知到民间社会习以为常的了凡形象并不全面,甚至可以说有失偏颇。居士仅是了凡的面相之一,他同时更是深得儒家"内圣外王"之学真传的士大夫,是"上马杀贼、下马著书"的豪杰之士。

二

提起了凡之名，大多数人便会很自然地想到《了凡四训》一书。该书作为中国传统善书经典，借助于佛教寺庙、居士团体等民间组织的力量，在中国社会各阶层得以广泛流传，影响巨大。不可否认，《了凡四训》一书弥漫着浓重的佛教气息（当然亦蕴含儒、道二家思想元素），因果报应的思想尤其显著。随着此书的盛行，了凡的历史形象在数百年之间也经历了一个由"儒者"到"佛教居士"的变迁过程。

四百多年来，《了凡四训》的盛行，使很多人误以为该书是了凡所作家训，乃至冠以"袁了凡训子书"或"袁了凡先生家庭四训"之名。事实上，了凡生前并无所谓《了凡四训》行世，该书也不是了凡家训，了凡写给其子袁天启（袁俨）的真正训子书乃是《训儿俗说》。

据考证，现存《了凡四训》四篇文字（"立命之学""改过之法""积善之方""谦德之效"）的确出自了凡手笔，但最初仅仅是散落于作者刊刻的《祈嗣真诠》《游艺塾文规》等著作中的文章片段，并未攒集成书，更无所谓"了凡四训"之名。首篇"立命之学"作于万历二十九年（1601）了凡69岁时，收录于了凡所著《游艺塾文规》中。该书于万历三十年（1602）前后刊行，在从事举业的士子群体内畅销一时。事实上，了凡晚年声名卓著，"立命之学"并不仅仅通过《游艺塾文规》流行，这一3000余字的文本甫一问世便受到关注，并以"立命文""立命篇""省身录""阴骘录"等名目单独刻行。

周汝登（1547—1629）《东越证学录》卷七"立命文序"云：

万历辛丑之岁，腊尽雪深，客有持文一首过余者，乃檇李了凡袁公所自述其生平行善，因之超越数量，得增寿胤，揭之家庭以训厥子者。客曰：是宜梓行否耶？余曰：兹文于人大有利益，宜亟以行。……公于接引人，固有缘也，兹文之行，利益必广。

"万历辛丑之岁"，即"立命之学"所作当年——万历二十九年（1601）。这是迄今为止发现的最早关于"立命之学"刊刻的史料记载。它同时透露了两层信息：其一，在"立命之学"写成的当年年末，就有人企图刊刻流通这一文本，可见其受欢迎的程度；其二，作为当时著名儒者又是阳明后学的周汝登，对刊刻该文表示明确支持。

此外尚有其他佐证。钱希言，生卒年不详，主要活动于万历年间，有诗名，袁中郎盛赞其才，称"吴中后来俊才，名不及诸公，而才无出其右者"。其所作《狯园》成书时间有待考证，但其自序作于该书刊刻之时，署为"癸丑冬"（万历四十一年，1613）。该书第三卷"仙幻"载有"孔道人神算会禅师立命"一则，即是了凡所述"立命之学"的故事。该篇末尾云，"袁因著《省身录》示其家儿，竟以寿终于家"（《狯园》），由此可知，在了凡去世七年之后的1613年，"立命之学"以"省身录"之名已经广泛流传。

无论是"立命文"抑或"省身录"，以及"立命篇""阴骘录"等诸版本，其内容大致相同，都是"立命之学"这一3000余字的文本，亦即后来《了凡四训》四篇中的首篇。既然如此，那《了凡四训》最早成书于何时？该书另外三篇（"改过之法""积善之方""谦德之效"）的情况又是怎样？

据日本学者酒井忠夫考证，"了凡四训"之名始见于清初的《丹桂籍》。也就是说，直至了凡殁后，才有人将其编辑并以"了凡四训"之名刊行。四篇文字题目，除首篇"立命之学"外皆出自后人之手。《丹桂籍》版《袁了凡先生四训》第一篇"立命之学"在四篇文字中的写作时间最迟（万历二十九年，1601）；第二篇"积善之方"与第三篇"改过之法"写作的具体时间已难考证，但与万历十八年（1590，了凡58岁）夏付梓的了凡所著《祈嗣真诠》中的"改过第一""积善第二"二篇内容基本一样（必须指出，无论"积善之方"抑或"积善第二"皆未载"古德十人"之例证）；第四篇"谦德之效"与"立命之学"一同于万历三十年（1602）刊行在《游艺塾文规》中，当时名为"谦虚利中"，所谓"利中"，即"有利于科举中试"之意，可见该篇原本是为修习举业的士子所作，这从篇末"今之习举业者……吾于举业亦云"（《袁了凡文集》）的表述亦可看出端倪。

也就是说，《了凡四训》是一部后人辑录了凡文字并刊刻流通的善书作品，在广泛流传后被以讹传讹地当成了凡家训。虽然这并不算是太大的问题，但并不符合历史的真实。那么，了凡到底有没有真正意义上的家训？答案是肯定的。据曾为了凡之子袁天启（袁俨）主持冠礼的沈大奎记载：

公（了凡）志不大酬，而还以其学教于家，训诸其子天启。……十月之吉，为其子行古冠礼，速余为宾。……既冠，峨然一丈夫子也。……厥明公（了凡）出《训儿俗说》相示，谛阅之……自古家庭之训，见于记籍者，未有若是之详且晰也。是岂公一家之训，将为天下后世教家之模范！

作为"通家之好"，沈氏受邀主持了凡之子的"冠礼"仪式，得以见到《训儿俗说》这一真正的"家庭之训"。沈氏阅过之后，认为其博雅大方，巨细不遗，既详实又明晰。从了凡的角度而言，在其子"成人礼"的重要场合，将凝聚个人教子心血、伴随其子成长的家训展示出来显然是十分适宜的。

了凡所作《训儿俗说》共有八篇，分别为："立志第一""敦伦第二""事师第三""处众第四""修业第五""崇礼第六""报本第七""治家第八"。在沈氏看来：

首曰立志，植其根也；曰敦伦，曰崇礼，善其则也；曰报本，厚其所始也；曰尊师，曰处众，慎其所兴也；曰修业，曰治家，习其所有事业也。外而起居食息言语动静之常，内而性情志念好恶喜怒之则；上自祭祀宴享之仪，下自洒扫应对进退之节；大而贤士大夫之交际，小而仆从管库之使；令至于行立坐卧之繁，涕唾便溺之细，事无不言，言无不彻。

八篇文字前后衔接，首尾贯通，一气呵成，既"详"且"晰"，其逻辑性和系统性都很强。在书中，了凡以一位父亲的口吻训示其子，谆谆教导，循循善诱，既严肃而又亲切，既庄重而又和蔼，读之宛然如在目前，不愧为中国家训中的精品佳作，沈大奎称赞说"将为天下后世教家之模范"，确非虚誉。

至于了凡家训的成效，从其子袁天启（袁俨）的人生历程中可略窥一二。据记载：

> 袁俨，字若思，号素水，袁黄子。少承家学，博极群书，尤留心经济。性坦直，与人交谦和自下。天启五年（1625）成进士，授高要知县。七年（1627）夏西潦骤涨，城中水深三尺，死者无数，入秋淫雨不止。俨复勘亲赈，以劳瘁呕血卒于官，归梓时宦囊萧然。著有《抱膝斋漫笔》。

袁天启短短47年的生命历程中，其父了凡在其26岁去世，留给他的是一部《训儿俗说》。他取得了明朝科举道路的最高等级——"进士及第"，出任广东高要知县。最终，他因为救灾而过于劳累，死在任上。史料中有关他的行状虽然仅有寥寥数百字，但字里行间描绘的是一位呕心沥血、廉洁奉公的好官。即使以当今价值观来看，袁天启也不愧为一位忠于国家、奉献人民的清官廉吏。另据记载，袁天启有五个儿子，后世家族人才兴旺，绵延昌盛。

三

《训儿俗说》既然是了凡的训子之书，必然贯穿了凡家族一脉相承的家风、家教。要谈了凡的家风、家教，就不能离开袁氏家族的传统。据史料记载，了凡父母之道德风范颇为时人推重，时人称"参坡（了凡之父袁仁）博学淳行，世罕其俦；李氏贤淑有识，磊磊有丈夫气"（《庭帏杂录》）。《庭帏杂录》一书是袁氏兄弟五人——袁衮、袁襄、袁裳、袁表（了凡）、袁褒——对其父母日常言行的记述，由袁衮的表弟钱晓删定而成。结合当时的时代背景、社会思潮及了凡家世，深入分析这一文献，其父母的思想倾向、家风家教便会清晰细致地呈现出来。

（一）以儒为宗与兼收并蓄

袁仁在追溯其家学时说："吾祖生吾父歧嶷秀颖，吾父生吾亦不愚，然皆不习举业而授以五经义古义。"由此可知，尽管"不习举业"，但袁家有着一以贯之的学术传承，即儒家经典——"五经"义理。这说明，在学术倾向上，袁家仍然是以儒家教义为基础的。据包筠雅的研究，袁氏家学具有更倾向于"五经或六经而不是四书（《论语》《孟子》《大学》《中庸》）的特点"（包筠雅：《功过格——明清社会的道德秩序》），事实的确如此。袁家四代（袁颢、袁祥、袁仁、袁黄）都有关于儒家"五经"的著述就是一个明证。

在当时的社会氛围中，以儒家学说作为家学的士绅家庭并不鲜见，但受自宋以降的科举文化影响，对于儒家经典的关注焦点早已由"五经"转移到"四书"上来。袁家重"五经"而不重"四书"的家学传统，当与数代饱读诗书，修习儒家经典，却又遵从"不事举业"的祖训，长期游离于科举文化之外的情况有关。就此而论，一方面，"重五经"的为学倾向由其"隐居不仕"的家族传统所导致；另一方面，这一倾向又在某种程度上促使袁家不为"四书"所代表的官学（官方意识形态）窠臼所限，反而推动了袁氏家学向广博性和兼容性发展。袁仁的为学特色，便是一个很好的例证。据《嘉善县志》载：

> 袁仁，字良贵，父祥、祖颢皆有经济学。仁于天文、地理、历律、书数、兵法、水利之属，靡不谙习。……颢尝作《春秋传》三十卷，祥作《春秋或问》八卷以发其旨，仁作《针胡编》以阐之。

袁颢作《春秋传》，其子袁祥作"《春秋或问》八卷以发其旨"，其孙袁仁又"作《针胡编》以阐之"，反映出袁氏家族注重儒家"五经"的学风一脉相承。另外，"经济学"（经世济用之学）无疑是指儒家经典之外的实际学问，说明袁氏家学不囿于经典文本，而带有实用色彩。这一特色体现在袁仁身上，便如王畿所说，袁仁"天文、地理、历律、书数、兵刑、水利之属，靡不涉其津涯，而姑寓情于医"（《王畿集》）。袁仁以儒为宗，同时悉心经济实学，对佛、道二教乃至九流各派都能广泛融摄，说明其学问根基在民间，学术倾向呈现兼收并蓄的特色。

需要指出的是，袁家所在的嘉善，地处浙江与江苏边界，这一地区本是阳明心学勃兴之地，当时心学的传播已经呈现如火如荼的态势。作为饱读诗书的社会贤达，了凡之父袁仁与王艮、王畿等阳明门人都有深入交往，也曾在王艮的引荐下，登门向王阳明问学。在王阳明去世后，袁仁"不远千里，迎丧于途，哭甚哀"（《王畿集》），由此推断，他在学术思想上是倾向阳明心学的，或谓其为王门弟子也不为过。

（二）道德主义与积德行善

从某种意义上讲，儒学学说可以用"内圣外王"四字进行简单概括。《大学》中所列"八条目"即是"内圣外王"之学由内而外的层层展开。其中，"格物""致知""诚意""正心""修身"属于内圣之学，而"内圣"之学集中体现于"修身"，侧重于强调个人修养与道德提升。袁仁思想以儒家学说为主体，其道德主义色彩尤为强烈。作为医者，他主张养德（养心）重于养身。据《袁氏丛书》卷十《重梓参坡先生一螺集》载：

> 昆山魏校疾，招仁。使者三至，弗往。谢曰："君以心疾招，当咀嚼仁义、炮制礼乐，以畅君之精神。不然，十至无益也。"

可见，袁仁并非一介悬壶济世的普通医者，更俱以"仁义"教人的儒者之风。儒家一贯强调"义在利先"，在道德与功名、富贵的关系问题上，尤能看出袁仁的道德取向。他说：

士之品有三：志于道德者为上，志于功名者次之，志于富贵者为下。近世人家生子禀赋稍异，父母师友即以富贵期之，其子幸而有成，富贵之外不复知功名为何物，况道德乎？……伊周勋业，孔孟文章，皆男子当事，位之得不得在天，德之修不修在我。毋弃其在我者，毋强其在天者。（《庭帏杂录》）

此为袁仁训子之言。一方面，他指出"伊周勋业，孔孟文章，皆男子当事"，不排斥事功与富贵闻达；另一方面，强调"志于道德者为上"，主张"修德"为第一要事，对其子"非徒以富贵望"，同时秉承孔门"富贵在天"的教诲。

值得注意的是，袁仁相信积德可以获福，他曾说：

人有言：畸人硕士，身不容于时，名不显于世，郁其积而不得施，终于沦落而万分一不获自见者，岂天遗之乎？时已过矣，世已易矣，乃一旦其后之人勃兴焉，此必然之理，屡屡有征者也。吾家积德不试者，数世矣，子孙其有兴焉者乎？（《庭帏杂录》）

"积善之家必有余庆，积不善之家必有余殃"源于儒家"五经"之首《易经》，后经佛道二教对报应的宣扬而进一步强化，在明代三教融合的社会氛围下，这一理念早已深入人心。"吾家积德不试者数世矣，子孙其有兴焉者乎"，即是袁仁对其子的期许与勉励，同时又是"积善余庆"思想的一种自然流露。在这一观念下，了凡父母注重实践善举，逐渐形成积德行善之家风。据载：

> 远亲旧戚每来相访，吾母（李氏）必殷勤接纳，去则周之。贫者必程其所送之礼加数倍相酬，远者给以舟行路费，委曲周济，惟恐不逮。有胡氏、徐氏二姑，乃陶庄远亲，久已无服，其来尤数，待之尤厚，久留不厌也。刘光浦先生尝语四兄及余曰：众人皆趋势，汝家独怜贫。吾与汝父相交四十余年，每遇佳节则穷亲满座，此至美之风俗也。（《庭帏杂录》）

又载：

> 九月将寒，四嫂欲买棉，为纯帛之服以御寒。母（李氏）曰："不可。三斤棉用银一两五钱，莫若止以银五钱买棉一斤，汝夫及汝冬衣皆以枲为骨，以棉覆之，足以御冬。余银一两买旧碎之衣浣濯补缀便可给贫者数人之用。恤穷济众是第一件好事，恨无力不能广施，但随事节省，尽可行仁。"（《庭帏杂录》）

（三）民间信仰与出世情怀

明朝政府尊奉程朱理学为官方哲学，但也重视正统宗教"阴翊王度"

的作用，并对佛道二教加以保护和提倡。明代中期以后，佛道二教进一步世俗化、民间化，成为民间信仰的重要组成部分。袁家世代以医为业，而道教养生术本与医学密切相关，近代著名道教学者陈撄宁曾指出："医道与仙道，关系至为密切，凡学仙者，皆当知医。"（陈撄宁《道教与养生》）袁仁虽然以儒家经典为依归，但同时"雅彻玄禅之妙"，在思想上主张儒释道三教共存，坚决反对某些儒者以儒家本位的立场批判、排斥佛教的言论与行为。他说：

> 吾目中见毁佛辟教及拆僧房、僭寺基者，其子孙皆不振或有奇祸。碌碌者姑不论。昆山魏祭酒崇儒辟释，其居官毁六祖衣钵，居乡又拆寺兴书院，毕竟绝嗣。继之者亦绝。聂双江为苏州太守，以兴儒教、辟异端为己任，劝僧蓄发归农，一时诸名公如陆粲、顾存仁辈皆佃寺基。闻聂公无嗣，即有嗣当亦不振也。吾友沈一之孝弟忠信、古貌古心，醇然儒者也，然亦辟佛，近又拆庵为家庙。闻陆秀卿在岳州亦专毁淫祠而间及寺宇。论沈陆之醇肠硕行，虽百世子孙保之可也。论其毁法轻教，宁能无报乎？尔曹诚识之，吾不及见也。（《庭帏杂录》）

袁仁历数的辟佛人物，都是以儒者自居之士，且多为名公巨卿，如魏校（1483—1543）、聂豹（1487—1563）之流。他以这些人物为例，向其子灌输"毁法轻教，宁无报乎"的道理，表明他笃信佛教，深信因果报应之说。他又说：

六朝颜之推家法最正，相传最远，作《颜氏家训》，谆谆欲子孙崇正教，尊学问。宋吕蒙正晨起辄拜天祝曰：愿敬信三宝者生于吾家。不特其子公著为贤宰相，历代诸孙如居仁、祖谦辈皆闻人贤士。此所当法也。(《庭帷杂录》)

此处，袁仁又从因果报应的角度，举出颜之推、吕蒙正等前贤的案例，说明"敬信三宝"的功用。这一看法在当时的民间社会应当是习以为常的，也可以说，因果报应思想是明代民间信仰的一种基本形态。了凡之母李氏也笃信佛教，作为一位居家主妇，她更勤于念佛修持。据载：

母（李氏）平日念佛，行住坐卧皆不辍。问其故，曰："吾以收心也。尝闻汝父有言，人心如火，火必丽木，心必丽事。故日必有事焉。一提佛号，万妄俱息，终日持之，终日心常敛也。"(《庭帷杂录》)

佛教是明代民间社会的重要信仰，尤其是在江浙一带，一个不识字的家庭妇女坚持念佛，原非奇事。袁母应当对佛学并无深入研究，但相较于中国社会世俗佛教信仰中强烈的功利趋向，以"收心"为目的念佛，显得更加纯粹，明显受到了凡之父袁仁的影响。

此外，受佛道二教影响，袁仁家庭之中时常显露出一种出世情怀。《庭帏杂录》载有了凡记述袁仁夫妻的一则对话：

癸卯除夕家宴，母问父曰："今夜者今岁尽日也。人生世间，万事皆有尽日。每思及此，辄有凄然遗世之想。"父曰："诚然。禅家以身没之日为腊月三十日，亦喻其有尽也。须未至腊月三十日而预为整顿，庶免临期忙乱耳。"母问："如何整顿?"父曰："始乎收心，终乎见性。"予（了凡）初讲《孟子》，起对曰："是学问之道也。"父颔之。(《庭帷杂录》)

了凡之母在年终岁末感慨人生有限、万事有尽。其父袁仁认同这一观念，并以"禅家以身没之日为腊月三十日"加以解释。而他对"如何整顿"的回答则是"始乎收心，终乎见性"，带有很强的禅学色彩。年方十一岁的了凡，则以孟子"学问之道无他，求其放心而已"附会之，亦颇见其家学特色。

袁仁临终诗云：

附赘乾坤七十年，飘然今喜谢尘缘。

须知灵运终成佛，焉识王乔不是仙?

身外幸无轩冕累，世间漫有性真传。

云山千古成长往，那管儿孙俗与贤。(《庭帷杂录》)

读此诗句，不难体会到作者洒落的胸怀和超然物外的人生境界，以及对佛道二教出世理想的追求。

<h2 style="text-align:center">四</h2>

本书以《训儿俗说》为主体。如前所述，与由后人整理成书的《了凡四训》不同，《训儿俗说》是了凡训子之作，属于真正意义上的家训。该书体系完备，内容详实，时人赞叹其"事无不言，言无不彻"，"将为天下后世教家之模范"。无论从形式抑或内容上看，都能感知这部家训的别具一格之处，它是了凡人生智慧的结晶，更是了凡训儿教子的心血之作，堪称中国历代家训中为数不多的精品典范，具有超越时空的价值，值得现代人悉心研读并认真借鉴。明代著名的刻书世家"建阳余氏"于"万历乙巳"（1605）前后刊刻的《了凡杂著》中收入的《训儿俗说》，为现今所见最早的版本，本书《训儿俗说》即以此为底本整理标点，并加译注和"实践要点"。

为完整体现了凡家训的全貌及渊源，将《了凡四训》《庭帏杂录》标点整理，作为附录。

此外，为见证了凡一生行迹及其积德行善、改造命运的过程，又将本人整理的《袁了凡年表事略》附于后，以飨读者。

训儿俗说

［明］袁了凡、华国栋　著

林志鹏　译注

原　序

　　司马坤仪袁公，幼即志圣贤之学，从事于龙溪诸先生之门。余间一从游谛听焉，恍然悟夫良知之旨，合古圣贤精一之传，而自慨夙昔寻行数墨、循途守辙者，支离而琐屑也。后袁公既仕，以其学施于用，为邑宰则惠泽在邑，擢郎署则谋猷在郎署，参军事则功绩在边陲。而余染指一官，归而泉石，仅为老学究而已。公志不大酬，而还以其学教于家，训诸其子天启。子复俊嶷，足传家学。岁丁酉，子入泮，即应试浙闱。时方十七，将理婚冠之事。十月之吉，为其子行古冠礼，速余为宾。余老聩杜门，素不闲礼节，念此礼世俗不行也久，追昔先君子为儿行冠礼之日，从祖平斋先生尚在，思之心冲冲焉，阅今五十年矣。今睹旷典之复，曷敢以不闲辞！

　　既冠，峨然一丈夫子也。余不胜喜，字曰“若思”，公意也。盖取思启之意，而实寓主敬之义云。厥明公出《训儿俗说》相示，谛阅之，其目有八：首曰立志，植其根也；曰敦伦，曰崇礼，善其则也；曰报本，厚其所始也；曰尊师，曰处众，慎其所兴也；曰修业，曰治家，习其所有事业也。外而起居食息言语动静之常，内而性情志念好恶喜怒之则；上自祭祀宴享之仪，下自洒扫应对进退之节；大而贤士大夫之交际，小而仆从管库之使；令至于行立坐卧之繁，涕唾便溺之细，事无不言，言无不彻。自古家庭之训，见于记籍者，未有若是之详且晰也。是岂公一家之训，将为天下后世教家之模范！即至愚鲁之子，闻且见焉，靡有不感发而兴起者，况公之子素称警颖者乎？

昔公壮时，尝患艰于嗣息，以为厄于命也。后闻会禅师豪杰不为命限之说，广修善业，厚积庆源，因而得嗣。允哉，天所启也！缘冥感之说，作《真诠》一书以示来者，乃今复有是编以垂教云。

夫未得也，积功行以浚其源，则钟毓也深；既生而长也，复端轨范以善其诲，则贻谋也远。且来也必有自，出也必有为，余于公之子卜之矣。吾祈公之子，率公之教，不堕乎天之所启，为厚望云。

万历丁酉一阳月通家弟沈大奎顿首拜撰。

立志第一

汝①今十四岁，明年十五，正是志学之期。须是立志求为大人②。大人之学，"在明明德，在亲民，在止于至善"。③此不但是孔门正脉，乃是从古学圣之规范。只为儒者谬说，致使规程不显，正脉沉埋。我在学问中，初受龙溪先生④之教，始知端倪⑤，后参求七载，仅有所省。

| **今译** |

你现在十四岁，明年十五岁，正是立志向学的时候。一定要立志成为"大人"。大人之学，在于彰显本自具足、光明完美的德性，将这一德性发挥、推广，惠及万民，最终臻于至善的境界。这不但是孔子之学的真正学脉，更是从古至今学做圣贤的规程与范式。但是，由于后世某些儒者的错误阐述，使得大人之学的规程无法显现，而儒学的真正学脉也因此沉沦埋没了。我在探寻学问的过程中，最初得到龙溪先生的教诲，才知道一些头绪，后来我又参悟探求了七年之久，总算有所省悟。

① 汝：指了凡之子袁俨（袁天启）。

② 大人：指了悟人生大道，志在圣贤，而能躬行实践、德行高尚的人。《周易·乾》云："夫大人者，与天地合其德。"《孟子》曰："大人者，不失其赤子之心也。"在了凡先生看来，《大学》即是大人之学。

③ 在明明德，在亲民，在止于至善：语出《大学》，意谓圣贤君子所讲习的学问，在于彰显人心本自具足、光明完美的德性，将这一德性发挥、推广，惠及万民，并最终臻于自性光明的至善境界。

④ 龙溪先生：王畿（1498—1583），字汝中，号龙溪，浙江山阴人，王阳明高第弟子，嘉靖十一年（1532）进士，历官南京兵部职方郎中等职，有《王龙溪先生全集》行世。了凡先生为其及门弟子。

⑤ 端倪：头绪。

今为汝说破——明德①不是别物，只是虚灵不昧②之心体③。此心体，在圣不增，在凡不减，扩之不能大，拘之不能小。从有生以来，不曾生，不曾灭，不曾秽，不曾净，不曾开，不曾蔽，故曰"明德"。乃气禀不能拘，物欲不能蔽，万古所长明者。汝今为童子，自谓与圣人相远，汝心中有知是知非④处，便是汝之"明德"。

现在为你点明说破——明德不是别的什么东西，而是指虚灵不昧、本自具足的心体。这个心体，在圣人也没有增加一分，在凡人也没有减少一分，想要扩充让它大也扩充不了，想要拘制让它小也拘制不住。自从天地生人以来，它不曾生，不曾灭，不曾污秽，不曾洁净，不曾展露，不曾蔽塞，所以称为"明德"。是气质禀赋不能拘束，物欲人心不能蔽塞，万古长明的。你如今是个小孩子，自己觉得与圣人的境界相去甚远，你内心中有知是知非之处，就是你"明德"。

| 简注 |

① 明德：指人心之中本自具足的光明德性。

② 虚灵不昧：一种对心之本体亦即"良知"的状态描述。源自朱熹对《大学》中"明德"一词阐释——"明德者，人之所得乎天，而虚灵不昧，以具众理而应万事者也"。王阳明云："虚灵不昧，众理具而万事出，心外无理，心外无事。"

③ 心体：心之本体。

④ 知是知非：能够自然感知行为、意念的是与非。王阳明云："尔那一点良知，是尔自家底准则，尔意念着处，他是便知是，非便知非，更瞒他一些不得。"

但①不昧②了此心，便是明明德③。针眼之空，与太虚④之空原无二样。吾人一念之明，与圣人全体之明亦无二体。若观圣人作清虚皎洁之相，观己及凡人作暗昧昏垢之相，便是着相⑤。今立志求道，如不识此本体，更于心上生心⑥，向外求道，着相用功，愈求愈远。此德本明，汝因而明之，无毫发可加，亦无修可证⑦，是谓明明德。

| 今译 |

只要不瞒昧了这个心体，就是明明德。就像是针眼大小的虚空，与整个宇宙大小的虚空，在本质上是一样的。同样，我们的一念灵明，与圣人全体透彻的灵明，在本体上也没有区别。如果把圣人看作清虚皎洁的状态，把自己或凡人看作暗昧昏垢的状态，便是着相了。你如今立志求道，如果不先识这个心之本体，而是在心上生心，向外求道，着相用功，那就越是求道反而离道越远了。这个明德本来是自性光明的，你让它的自性光明展现出来就好了，没有一丝一毫可以附加的，无修而修，无证而证，这就是明明德。

① 但：只要。

② 昧：掩蔽、隐藏。

③ 明明德：彰显人们天赋的光明完美的德性。明，显示。

④ 太虚：天空。

⑤ 着相：禅宗术语，指执着于某一事物的表相。

⑥ 心上生心：是指在本自具足的心体之外再生求道之心。黄檗希运禅师云："如今学道人，不悟此心体，便于心上生心，向外求佛，着相修行，皆是恶法，非菩提道。"

⑦ 无修可证：佛教中的圆教认为，众生本来即佛，由于无明而变成众生，明此理就是最好的修。其实，圆教讲悟后进修，并不是不修，而是即悟即修即证。

然明德不是一人之私，乃与万民同得者，故又在亲民。以万物为一体则亲，以中国为一家则亲。百姓走到吾面前，视他与自家儿子一般，故曰"如保赤子"①。此是亲民真景象。汝今未做官，无百姓可管，但见有人相接②，便要视他如骨肉则亲，敬他如父母则亲。倘有不善，须生恻然怜悯之心，可训导则多方训导，不可训导则负罪引慝③以感动之。即未必有实益及人，立志④须当如此。

┃ 今译 ┃

然而明德不是一个人的私事，而是与天下万民相处中共同达到的一种境界，所以又在亲民。以天地万物为一体，就是亲；以中国为一家，就是亲。老百姓走到我的面前，看待他就像是自己的亲生儿子一样，所以说"如保赤子"。这才是亲民境界的真实景象。你现在没做官，没有百姓可以管理，只要与人接触，就要看待他像看待自己的亲生骨肉，这才叫做亲，尊敬他像尊敬自己的父母长辈，这才叫做亲。如果遇到存心不良的人，也要以一种哀伤怜悯的心态对他，可以训教引导的就多方训教引导，不能训教引导的就反躬自省、引咎自责以感动他。即便不一定对人有实际的利益，但发心应该如此。

┃ 简注 ┃

① "如保赤子"：爱民如子。赤子，婴儿。语出《尚书·康诰》："若保赤子，唯民其康。"

② 相接：交接，相来往。

③ 负罪引慝：引咎自责。慝，罪过。语出《尚书·大禹谟》："帝初于历山往于田，日号泣于昊天，于父母，负罪引慝。"

④ 立志：此处指发心。

然明德亲民不可苟且①，故又在止至善②。如人在外，不行路，不能到家。若守路而不舍，终无入门之日。如人觅渡，不登舟，不能过河。若守舟而不舍，岂有登岸之期？今立志求道，不学则不能入道。若守学而不舍，岂有得道之理？故既知学，须知止。止者，无作③之谓。道理本是现成，岂烦做作？岂烦修造④？但能无心，便是究竟。《易》曰："继之者善。"⑤善是性中之理，至善乃是极则尽头之理。如人行路，若到极处，便无可那移⑥，无可趋向，自然要止矣。故止非至善，何由得止？至善非止，何以见至善？

但是明德、亲民不可以因循满足，所以又在止至善。比如有人在外旅行，不走路，就不能回到家里。要是停留在路途上不离开，最终没有进入家门的时候。又比如有人寻觅渡口，不上渡船，就不能过河。要是停留在渡船上不离开，哪里会有上岸的时候？你如今立志求道，不通过学习就不能入道。如果仅仅停留于学习过程当中而不舍离，哪里会有得道的道理呢？所以既然明白学的道理，必须明白止的道理。所谓止，说的就是不要造作。道理本来就是自然现成的，哪里用得着故意做作？哪里用得着修饰营造？只要达到无心的状态，就是究竟法门。《易经》说：承继天道之阴阳，接续地道之刚柔，效法乾元刚健之德，效法坤元柔顺之德，可称之为善。善是自性具足的法则，至善乃是宇宙至高无上的最终法则。好比有人走路，一旦走到路的尽头，就没有空间继续挪动，没有目标继续趋向，自然要停下来了。所以不是到达了至善的境界，又怎么能停止呢？如果不停下来，又如何知道这就是至善呢？

┃ 简注 ┃

① 苟且：敷衍、马虎，得过且过。

② 止至善：止于至善的境界。

③ 无作：无有造作，作而无作，亦即虽行一切善，而心中无一善可得，谓之至善。至善即是无作。

④ 修造：修饰营造。

⑤ 继之者善：意思是说，人能遵循阴阳变化之理，称性起修，便是善。《易经·系辞上》："一阴一阳之谓道。继之者善也，成之者性也。"

⑥ 那移：挪移。"那"通"挪"。

此德明朗，犹如虚空。举心动念，即乖本体。我亲万民，博济①功德，本自具足，不假修添②。遇缘即施，缘息即寂③。若不决定信此是道，而欲起心作事，以求功用，皆是梦中妄为。明德、亲民、止至善，只是一件事。当我明明德时，便不欲明明德于一身，而欲明明德于天下。盖古大圣大贤，皆因民物④而起恻隐⑤，因恻隐而证⑥明德。故至诚尽性⑦时，便合天地民物一齐都尽了。当明德亲民时，便不欲着相驰求，专欲求个无求无着⑧。

｜ 今译 ｜

这个明德本来明朗，就像是天空一样。一旦举心动念，就与心的本体乖离了。我亲近万民，博施济众，积功累德，应当出于本自具足的真心，不需要借助于任何的修饰添加。遇到合适的机缘就要布施功德，缘分没有了也就自然停下来。如果不是确定相信这就是道，而是以造作之心想要干成什么事情，希求现实的功用，都是梦中胡乱作为。明德、亲民、止至善，三者只是一件事。当我扩充明德本性的时候，不仅是想要彰显在自己身上，而是要将光明德性扩充于整个天下。古代的大圣大贤，都是由于民胞物与之情进而生发恻隐同情之心，由于恻隐同情之心进而践行明德自性。所以当达到至诚境界、充分发挥天性的时候，就与天地民物融为一体，整个天性都发挥出来了。当从事明德、亲民的时候，不是想要执着于相、向外追求，而是要达到不贪求、不执着的状态。

| 简注 |

① 博济: 广泛救助。《三国志·魏志》:"始自三皇, 爰暨唐、虞, 咸以博济加于天下。"

② 修添: 修饰添加。

③ 寂: 寂灭。

④ 民物: 民为同胞, 物为同类。泛指爱人和一切物类。张载《西铭》:"民, 吾同胞; 物, 吾与也。"

⑤ 恻隐: 恻, 悲伤; 隐, 伤痛。见到遭受灾祸不幸产生同情之心。《孟子·告子上》:"恻隐之心, 人皆有之。"

⑥ 证: 亲身践行、体验。

⑦ 至诚尽性: 达到至诚境界, 充分发挥天性。《中庸》:"唯天下至诚, 为能尽其性。能尽其性, 则能尽人之性; 能尽人之性, 则能尽物之性; 能尽物之性, 则可以赞天地之化育; 可以赞天地之化育, 则可以与天地参矣。"

⑧ 无求无着: 没有贪求, 没有执着。

故先欲知止①, 先知此止, 然后依②止修行。依止而修, 是即无修。修而依止, 是以无修为修。无修为修, 是全性起修。修即无修, 是全修在性。大率圣门入道, 只有性教二途。真心不昧, 触处洞然③, 不思而得、不勉而中④者，性也。先明乎善，而后实造乎理者，教也。今人认工夫为有作⑤，而欲千修万炼、勤苦求成者，此是执教。认本体为现成⑥，而谓放任平怀为极则⑦者，此是执性。二者皆非中道⑧也。须先识性体，然后依性起教，方才不错。

| 今译 |

　　所以先要懂得止，首先懂得这个止，然后凭借这个止来修行。凭借止来修行，这就是不修。修行必须依循止，这就是把不修当成修行。以不修作为修行，这叫全性起修。修行就是不修，这叫全修在性。大体上讲，圣门入道的方法，只有性、教二条道路。良知本心不容瞒昧，随时随地通明透彻，不必思考就能拥有，不必勉强就能做到，这就是性。首先明白至善本体，然后通过实修体悟它的道理，这就是教。现在的人认为工夫必须有所造作，想通过反复修炼、勤恳刻苦求得修行圆满，这是执着于教。将良知本体当作现成已有，认为放任自然、无修无证就是最高准则，这是执着于性。这两种（修行方法）都不是中庸之道。必须先认识良知本体，然后依循本体导向加以实修体证，才是正确的。

① 知止：懂得适可而止，知足。《道德经》："知足不辱，知止不殆，可以长久。"《大学》："知止而后有定，定而后能静，静而后能安，安而后能虑，虑而后能得。"

② 依：依循，凭借。

③ 洞然：通透明白。

④ 不思而得、不勉而中：不必思考就能拥有，不必勉强就能做到。《中庸》："诚者，不勉而中，不思而得，从容中道，圣人也。"

⑤ 有作：有所造作。

⑥ 现成：本来已有，已经成就。

⑦ 极则：最高准则。

⑧ 中道：中庸之道。

| 实践要点 |

/

立志，是《训儿俗说》八篇之首，也是了凡对儿子袁天启（袁俨）所讲的第一堂人生课。

古人无论做人还是做学问，都以立志为先。一代大儒、心学宗师王阳明多次向晚辈、学生强调立志的重要性，他说："志不立，天下无可成之事。"又说："夫学，莫先于立志。志之不立，犹不种其根而徒事培拥灌溉，劳苦无成矣。世之所以因循苟且，随俗习非，而卒归于污下者，凡以志之弗立也。"意思是说，求学问首先在于立志。如果不先立志，就好比种树不深埋其根，只是从事培土灌溉，徒费辛苦，终究无所成就。世上有一种人，庸碌无为、随波逐流，最后归于下流，这都是不立志造成的。王阳明的弟子王龙溪也说："志者，心之所之也，之燕而燕，之越而越，跬步毫厘，南北千里，不可不慎也。"也就是说，立志好比选择人生的航向，决定一个人的发展方向，必须慎重。应该说，王阳明之所以能够成为"立德、立功、立言"三不朽的圣贤，王龙溪之所以能够成为学问大家、"三教宗盟"，与他们从小就志向远大是有直接关联的。

了凡作为王龙溪的及门弟子，深得阳明心学真传，也将立志当成儿子袁天启（袁俨）的第一堂人生课。在这堂课，了凡谆谆善诱、娓娓道来，不仅讲清了做人的方向问题，而且讲明了做学问的方法问题。在他看来，做人立志，应该"立志求为大人"；而做学问（这里讲的是人生大学问），也就是"学道"，必须走"先识性体、依性起修"的正确道路。

常言道："立志当立天下志。"也就是说，立志必须广大，这与佛教所谓"发大誓愿"有异曲同工之妙，又类似于俗语所说的"心有多大舞台就有多大"。比如近代著名思想家、儒学大师梁漱溟先生的诗句——"我生有涯愿无尽，心期填海力移山"，讲的就是一代哲人的大誓愿、大志向。那么，了凡到底要求儿子树立何种志向呢？简单来说，就是"立志求为大人"。"大人"一词最早见于《诗经·小雅·斯干》"大人占之"。这里所谓"大人"指的是太卜，是周代执掌占卜的官员。《易经》乾卦爻辞有云"九二，见龙在田，利见大人"，此处"大人"已不是具体官职，而是指品德和智慧之杰出者。到了战国时期，孟子从心性上指示何以为

"大人"，他说："先立乎其大者，则其小者不能夺也，此为大人而已矣。"要想成为"大人"，首先要"立乎其大者"，这个"大"其实指的就是大胸襟、大格局、大志向。王阳明在《大学问》中开宗明义地指出，"大人者，以天地万物为一体者也，其视天下犹一家，中国犹一人焉。若夫间形骸而分尔我者，小人矣"。"以天地万物为一体"，本是儒家强调的圣贤与仁者的境界，在王阳明看来，只有达到这一境界，才能称为"大人"。与王阳明的见解一致，了凡此篇也基本上是在儒家《大学》"三纲领"（明德、亲民、止至善）、"八条目"（格物、致知、诚意、正心、修身、齐家、治国、平天下）的体系框架内，阐释如何做"大人"的。在他看来，所谓《大学》，无非就是"大人之学"，不但是"孔门正脉"，也是"从古学圣之规范"。既然如此，立志必然要立"大人之志"，为学必然要为"大人之学"。

立志必须广大，但不能虚无。了凡先从认识心体入手，逐步指示"明德—亲民—止至善"的奥义。他认为，《大学》中的"明德"不是虚无缥缈的，而是实实在在的，指的就是"虚灵不昧之心体"，也就是阳明心学所谓的"良知"本体。讲立志引出"求为大人之志"，讲"求为大人之志"，引出"大人之心"，进而直接拈出"明德"（亦即良知）。直至"明德不是别物，只是虚灵不昧之心体。此心体在圣不增，在凡不减，扩之不能大，拘之不能小，从有生以来，不曾生，不曾灭，不曾秽，不曾净，不曾开，不曾蔽，故曰明德"，与王阳明"良知人人本具""万古长明"的说法如出一辙，把什么是"明德"、什么是"心体"讲精了、讲深了、讲通了、讲透了。义理层层递进，文气如决江河，指点迷津，拨云见日，真有石破天惊之妙。

关于做学问的方法，是本篇精华所在。了凡指出，儒家入道方法有二种：一是由"性"入手；二是由"教"入手。这个观点，有阳明心学的背景和渊源。王阳明有著名的所谓"四句教"——

无善无恶心之体，有善有恶意之动；

知善知恶是良知，为善去恶是格物。

学者一般将其视为王阳明对其学修方法的概括性论述。但王龙溪并不完全赞成"王门四句教"，认为那"纯系权法，未可执定"，他进一步提出"四无"说，认为心意知物只是一事，"若悟得心是无善无恶之心，意即是无善无恶之意，知即是无善无恶之知，物即是无善无恶之物"。因此，他认为在心意知物四者之中，"心"是根本，因此主张学问要在心体上立根，并认为这是先天之学，诚意功夫在动意后用功，则是后天之学。

可以看出，了凡在教法方面受到王龙溪的深刻影响，特别强调当从事明德、亲民的时候，不是想要执着于相、向外追求，而是要达到一个不贪求、不执着的状态。如果希望通过反复修炼、勤恳刻苦求得修行圆满，这是执着于教；如果将良知本体当作现成已有，以为不用修证就是最高境界，这是执着于性。这两种学习方法都不是中庸之道。只有"先识性体、依性起修"，才是修身入道的一条正确路径。

敦伦第二

《中庸》以五伦^①为达道^②，乃天下古今之所通行，终身所不可离者。明此是大学问，修此是大经纶^③。五伦之中，造端^④乎夫妇。《易》首乾坤，《诗》始《关雎》。王化之原，实基于衽席^⑤。且道无可修，只莫染污。闺门^⑥之间，情欲易肆，能节而不流^⑦，则去道不远矣。夫妇之道，惟是有别，故禁邪淫^⑧为最。可以养德，可以养福。切宜戒之。

| 今译 |

《中庸》将父子、兄弟、夫妇、君臣、朋友五种人伦作为公认的准则，乃是天下古今通行的道理，每一个人都应当终身遵守而不偏离。若能明了彻悟这一准则，那便是人世间的大学问；若能实践修行这一准则，那便是宏大的抱负与才干。五伦关系之内，首要的是夫妇之道。《易经》六十四卦，开篇就是"乾"与"坤"二卦；《诗经》三百篇，起始就是《关雎》篇。这是因为，王道教化的源

头，正是以男女繁育作为基础。事实上，真正的大道本来就不是修习而成的，只要不要人为干扰、污染就好了。家庭夫妇之间，男女情欲很容易纵逸，只有做到常常节制而不放纵，那就离大道的原则不远了。夫妇之道，只是要做到"有别"，故而禁止、杜绝不正当的男女之事最为重要。做到这一点，才可以涵养德性，也能够保全天福。切记要秉持戒心啊！

| 简注 |

① 五伦：指父子、兄弟、夫妇、君臣、朋友五种人伦关系。

② 达道：公认的准则。

③ 经纶：借指抱负与才干。

④ 造端：开头、发端。

⑤ 衽席：床褥与卧席，喻指男女之事。

⑥ 闺门：内室的门，喻指家庭。

⑦ 节而不流：节制而不放纵。

⑧ 邪淫：邪恶纵逸、不合正理的男女之事。

　　有夫妇然后有父子，爱敬父母，正是童子急务。汝幼有至性①，颇竭孝思②，第须要之于道③。倘此志不同，此学各别，即称纯孝，终是血肉父子④。今当以父母为严君⑤，养吾真敬，使慢易⑥之私不形；求父母之顺豫⑦，养吾真爱，使乐易⑧之容可掬⑨。常敬常爱，即是礼乐不斯须去身⑩，即是致中和⑪之实际。以此事君，则为忠臣；以此事长，则为悌弟。无时无处而不爱敬，则随在感格⑫，可通神明。

┃ 今译 ┃

　　先有了夫妇关系然后才会有父子关系，爱敬父母，正是小孩子首先应该做到的。你从小就有天赋卓异的品性，对父母能够竭尽所能地孝敬，但必须把这种孝敬提升至"道"的标准才行。如果不能以父亲的志趣为趋向，以父亲的学问为追求，那就算被别人称为"纯孝"，也不过是世俗人情意义上的父子关系。应当以父母为严君，涵养我内心真正的敬意，而从来不出现怠慢轻视的情形；要以父母的遂意和安适作为追求，涵养我内心真正的爱意，而时常在父母面前表现出和乐平易的神态。对父母常存敬爱，就是《礼记》中说的礼乐片刻不离身，就是《中庸》所讲的"致中和"的真实作用。以这种修养来侍奉君主，就是忠臣；以这种修养来侍奉长辈，就是孝悌。每时每处都呈现出对人和事物的真爱真敬，以至诚之心感化一切，就可以通达神明。

① 至性：天赋卓绝的品性。

② 孝思：孝亲之思。《诗·大雅·下武》："永言孝思，孝思维则。"

③ 要之于道：纳入"道"的标准要求。

④ 血肉父子：指世俗人情意义上的父子关系。

⑤ 严君：父母之称。《易·家人》："家人有严君焉，父母之谓也"。

⑥ 慢易：怠慢轻视。

⑦ 顺豫：如意安适。

⑧ 乐易：和乐平易。

⑨ 可掬：可以用手捧住，形容情状明显。

⑩ 礼乐不斯须去身：出自《礼记》。原文曰："礼乐不可斯须去身。致乐以治心，则易直子谅之心油然生矣。……致礼以治躬则庄敬，庄敬则严威。"意谓以礼乐从身心两方面时刻加以修养。斯须：片刻，一会儿。

⑪ 致中和：指人的道德修养达到不偏不倚、十分和谐的境界，也就是符合儒家提倡的"中庸之道"。《中庸》："致中和，天地位焉，万物育焉。"

⑫ 感格：感之于此而达之于彼，也可理解为感动、感化的意思。李纲《应诏条陈七事奏状》："然臣闻应天以实不以文，天人一道，初无殊致，唯以至诚可相感格。"

昔杨慈湖①游②象山③之门，未得契理④，归而事父。一日父呼其名，恍然大悟。作诗寄象山云："呼承父命急趋前，不觉不知造深奥。"即承欢奉养⑤，可以了悟真诠⑥。故洒扫应对⑦，可以精象入神⑧，乃是实事。有父子然后有兄弟，吾生汝一人，原无兄弟。然合族⑨之人，长者是兄，幼者是弟，皆祖宗一体而分。即天祐、天与，吾既收养，便是汝之亲弟兄。

| 今译 |

昔日杨简拜入陆九渊之门求学，未能契入真理，之后回家侍奉父亲。一天杨简父亲喊他的名字，他恍然大悟，作诗寄给陆九渊说："呼承父命急趋前，不觉不知造深奥。"就是说侍奉父母，可以参悟真理。因此洒水扫地、待人接物这些日常事务，可以由此深入表象，参悟神理，乃是实实在在的事。有父子然后有兄弟，我只生了你一人，你本无兄弟。然而整个家族的人，同辈之中年长的就是你兄长，年幼的就是你弟弟，都是同一祖宗开枝散叶而来的。就是天祐、天与，我既然收养了他们，他们便是你的亲兄弟。

① 杨慈湖：杨简（1141—1226），字敬仲，号慈湖（世称慈湖先生），浙江慈溪人，南宋时期学者，师从陆九渊，有《慈湖遗书》《慈湖诗传》《慈湖易传》《五诰解》等传世。

② 游：交游，交往。这里指入陆九渊之门问学。

③ 象山：陆九渊（1139—1193），字子静，抚州金溪人，因讲学于象山书院，世称象山先生。陆氏与当时著名理学家朱熹齐名，是宋明"心学"的代表人物之一，对后世影响深远，有《象山先生全集》传世。

④ 契理：契合道理。宋明儒者所谓"理"，是指万物的本体，与"道"属同一层次。

⑤ 承欢奉养：指顺从父母之意来侍奉父母。

⑥ 真诠：真谛、真理。

⑦ 洒扫应对：洒水扫地，待人接物。这是日常生活的基本内容，也是传统儒家教育起步的地方。《论语·子张》："子夏之门人小子，当洒扫应对进退，则可矣，抑末也。"宋·朱熹《〈大学章句〉序》："人生八岁，则自王公以下，至于庶人之子弟，皆入小学，而教之以洒扫应对进退之节，礼乐射御书数之文。"

⑧ 精象入神：深入表象，参悟神理。

⑨ 合族：整个家族。

昔浦江①郑氏，其初兄弟二人，犹在从堂②之列，因一人有死亡之祸，一人极力救之获免。遂不忍分居，盖因患难真情感激③，共爨④数百年。累朝旌⑤其门，为天下第一家，前辈⑥称其有过于王侯之福。

| 今译 |

昔日浦江郑氏一族，最初只有兄弟二人，尚且是叔伯兄弟。因为其中一人有危及生命的祸患，另一人竭力挽救使他避免了祸患。二人于是不忍分居，大概是因为患难真情互相感动激发的缘故，郑氏一族共灶居住数百年。接连几个朝廷都表扬他们家族，是天下第一家族，前人称他们有超过王侯之家的福分。

| 简注 |

① 浦江：浙江浦江县。浙江浦江郑氏家族是当地著姓，以孝义治家，被明太祖朱元璋称为"江南第一家"。

② 从堂：从兄弟与堂兄弟。从兄弟指父亲亲弟兄的儿子，即同祖父的伯叔兄弟。俗称堂兄弟。清·赵翼《陔余丛考·堂兄弟》："俗以同祖之兄弟为堂兄弟。按《礼经》曰从兄弟，无堂兄弟之称也。其称盖起于晋时。"

③ 感激：感动激发。

④ 共爨：共用一个灶烧火煮饭，指不分家居住在一起。

⑤ 旌：本指旗子，这里指表扬。

⑥ 前辈：前人。

　　吾家族属不多，自吾罢宦①归田，卜居②于此，族人皆依而环止③。今拟岁中各节，遍会④族人。正月初一外，十五为灯节⑤，三月清明，五月端午，六月六日，七月七日，八月中秋，九月重阳，十月初一，十一月冬至。远者亦遣人呼之，来不来唯命。此会非饮酒食肉，一则恐彼此间隔，情意疏而不通；二则有善相告，有过相规⑥。即平日有间言⑦，亦可从容劝谕⑧，使相忘于杯酒间。汝当遵行毋殆⑨。

| 今译 |

　　我们家族人不多，自从我罢官回到家乡，在此居住，族人都依附着我住在周围。现在我打算每年各个节日，与族人举行聚会。除正月初一外，还有十五灯节，三月清明节，五月端午节，六月六日，七月七日，八月中秋节，九月重阳节，十月初一，十一月冬至。离得较远的也派人去喊他们，来不来遵从他们的意愿。这种聚会不是为了喝酒吃肉，其目的一来是怕彼此之间隔得太远，情义疏远而不

相来往；二来是彼此有善念、善行可以互相告知，有过错可以互相规劝。就是平日里有离间彼此关系的言论，也可以从容劝说，让彼此之间的误会消失于杯酒之中。你要遵守执行不要懈怠。

| 简注 |

① 罢宦：罢官。

② 卜居：古人凡建宅居住有占卜的习惯，此处指选择居住的地方。

③ 环止：像圆环一样围绕着居住。

④ 遍会：一一相会。这里指与族人举行聚会。

⑤ 灯节：元宵节，古人有元宵观灯的习惯，因此又称灯节。

⑥ 规：规劝。

⑦ 间言：离间之言。

⑧ 劝谕：劝勉晓谕，即劝说勉励使之明白道理。

⑨ 毋殆：不要懈怠。

五服①之制，先王称情②而立，大凡伯叔期功③之服，皆不可废，庶成礼义之家。兄弟相疏，皆起于妇人之言，凡稍有丈夫气者，初时亦必不听，久久浸润④，积羽沉舟⑤，非至明者不能察也。切须戒之。

五服的制度，是先王根据人情而设立的，凡是叔伯期、功的服制，都不可以废弃，这样差不多就是礼义之家了。兄弟之间相互疏远，都是因妇人之言而起，凡是稍有大丈夫气概的人，起初也一定不会听，但是长久浸染熏陶也会受到影响，就像羽毛累积多了也可以将船压沉一样，不是非常明白的人是不能洞察其中道理的。一定要引以为戒。

① 五服："五服"有多种含义：一、五等丧服。分别为斩衰、齐衰、大功、小功、缌麻五种，以亲疏远近为差等。二、古代王城外围，每五百里为一区画，共分侯、甸、绥、要、荒五等，称为"五服"。三、天子、诸侯、卿、大夫、士的礼服的合称。四、五代。高祖、曾祖、祖父、父亲、自己五代为五服。从上下文看，这里指的是五等丧服。

② 称情：根据人情。

③ 期功：古代丧服的名称。期，服丧一年。功，又分为大功、小功。大功服丧九个月，小功服丧五个月。

④ 浸润：浸染熏陶。

⑤ 积羽沉舟：指羽毛虽轻，累积多了也会把船压沉。比喻坏事虽小，积累起来，也会产生严重的后果。

语云："君臣之义，无所逃于天地之间。"① 不论仕与隐，皆当以尊君报国为主。凡我辈今日得饱食暖衣、悠优田里② 者，皆吾皇之赐也，岂可不知感激。他日出仕，须要以勿欺为本。勿欺，所谓忠也。上疏陈言，世俗所谓气节，然须实有益于社稷生民则言之；若昭君过，以博虚名，切不可蹈此敝辙③。孔子宁从讽谏④，其意最深。

| 今译 |

/

有句话说："君臣之间的关系和责任，普天之下任何地方都无法逃避。"不论做官还是隐居，都应当以尊奉君主、报效国家为主。大凡我们这些人今日能够吃得饱、穿得暖，安居乐业，都是我们皇上的恩赐，哪里可以不知感恩呢！日后做官，必须要以不欺瞒君主为根本。不欺瞒，就是"忠"。向皇帝上奏疏，发表意见，这是世俗人所称的气节，然而一定要有益于国家和百姓的才去说；以昭显君主的过失来博取个人的虚名，这样的错误千万不能再犯。孔子宁愿以委婉的方式劝谏君王，他的用意是很深的。

| 简注 |

/

① 君臣之义，无所逃于天地之间：《庄子·人间世》："天下有大戒二：其一

命也，其一义也。子之爱亲，命也，不可解于心；臣之君，义也，无适而非君也，无所逃于天地之间。"指君王主宰臣子，臣子效忠君王的道义，不能够逃离于天地之间。

② 悠优田里：悠优，亦作"优游"，悠闲自得。田里，田地和庐舍。悠优田里，指安居乐业。

③ 蹈此敝辙：蹈，践履，指走；辙，车轮压出的痕迹。意思是重新走上以前车辆走过的老路，比喻不能吸取教训而再犯同一类的错误。成语有"重蹈覆辙"。《后汉书·窦武传》："今不虑前事之失，复循覆车之轨。"

④ 讽谏：委婉地劝谏君王。

至于朋友之交，切宜慎择。苟得其人，可以研精性命①，可以讲究②文墨，可以排难解纷，须要虚己求之，委心③待之，勿谓末俗风微④，世鲜良友，取人以身⑤，乃是格论⑥。门内有君子，门外君子至。只如馆中看文⑦，我先以直施⑧，彼必以直报⑨。日常相与，我先以厚施，彼必以厚报。常愧先施之未能，勿患哲人⑩之难遇。又交友之道，以信为主，出言必吐肝胆，谋事必尽忠诚。宁人负我，毋我负人。纵遇恶交相侮，亦当自反自责，勿向人轻谈其短。至嘱⑪。

/

　　至于朋友之间的交往，一定要谨慎选择。假如能够交到一个合适的朋友，可以一起深入研究性命之学，可以一起切磋文章，可以互相排解难处、解决纠纷。这样的朋友一定要虚心去寻求，全心对待他，不要说世风衰微，世上少有良友，选择朋友以修身为原则，才是至理名言。门里面住着君子，门外的君子也就来了。就好像在私塾中讨论文章，我先以直言相告，他一定也以坦诚来回报我。在日常生活中的相互交往，我对待他人厚道，他人一定也以厚道来报答我。要常常以没能先施予而愧疚，不要担心难以遇到贤明的人。另外，交友之道以诚信为主，朋友间的交谈要吐露胸中真意，与朋友谋划事情一定要竭尽忠诚。宁愿别人亏欠于我，我不亏欠别人。纵使遇到恶友相欺侮，也要自我反省，自我责备，不要向人轻易谈论他的短处。这是紧要的嘱咐。

| 简注 |

/

① 性命：万物的天性禀赋。这里指"性命"之学。

② 讲究：讲讨研究。

③ 委心：全心，诚心。

④ 末俗风微：末世风俗、风化衰微。

⑤ 取人以身：《中庸》："故为政在人，取人以身，修身以道，修道以仁。"指选择人的原则在于品德，取决于其修身如何。

⑥ 格论：至理名言。

⑦ 馆中看文：在私塾中讨论文章。馆，私塾。

⑧ 以直施：以正直对待。此处指直言相告，坦率地指出对方的问题。

⑨ 以直报：以正直回答。此处指对方也以直言相告。

⑩ 哲人：贤明之人。

⑪ 至嘱：紧要的嘱咐。

五伦①本自天秩②，凡相处间，不可参一毫机智③，须纯肠④实意，盎然⑤天生⑥，斯谓之敦。《中庸》"修道以仁"，亦是此意。昔有人以忠孝自负⑦者，有禅师语之曰："即五伦克⑧尽，无纤毫欠缺，自孔子言之，正是民可使由之⑨，非豪杰究竟⑩事也。"今忠臣孝子，世或有之，然不闻道，终是行之而不著，习矣而不察⑪，是故以立志求道为先。

| 今译 |

/

君臣、父子、夫妇、兄弟、朋友这五伦本是上天规定的礼法制度，但凡彼此相处之时，不可掺杂一毫的机心与智巧，一定要真心实意，情谊充盈就像是自然生成一样，这就叫敦伦。《中庸》说"修道以仁"，也就是这个意思。从前有一个以忠孝自我标榜的人，有位禅师对他说："即使五伦能够都做到（父子有亲，君臣有义，夫妇有别，长幼有序，朋友有信），没有丝毫的欠缺，按照孔子的话来讲，这正是'民可使由之'的意思，但不是豪杰之人的最终事业。"忠臣孝子，当今世上或许有，然而不闻道，最终是盲目遵行它而不能弄明白它，实践它而对其中的道理没有觉察，所以"敦伦"之前应当先立志求道。

｜ 简注 ｜

①　五伦：指五种人伦关系，即君臣、父子、夫妇、兄弟、朋友五种关系和言行准则，是狭义的"人伦"。《孟子·滕文公上》："使契为司徒，教以人伦：父子有亲，君臣有义，夫妇有别，长幼有序，朋友有信。"

②　天秩：上天规定的品秩等级，这里指礼法制度。

③　机智：机心与智巧。

④　纯肠：淳厚的心肠。这里指出自真心。

⑤　盎然：充满、充盈的样子。

⑥　天生：自然生成、与生俱来。

⑦　自负：自以为是、自命不凡。

⑧　克：能够。

⑨　民可使由之：老百姓可以让他们按照规范去做。《论语·泰伯》："民可使由之，不可使知之。"这里的意思是只按照五伦的标准去为人处世，但是并不能知其所以然，仍然不够。

⑩ 究竟：最根本的、最后的。

⑪ 行之而不著，习矣而不察：出自《孟子·尽心上》："行之而不著焉，习矣而不察焉，终身由之而不知其道者，众也。"著，明白地知晓。习，实习、实践。察，觉察。

> 孟宗之笋①，王祥之鱼②，皆从真心感召③。宋④谢述⑤随兄纯在江陵，纯遇害，述奉丧⑥还都。中途遇暴风，纯丧舫⑦漂流，不知所在，述乘小舟寻求。嫂谓曰："小郎⑧去必无返。宁可存亡⑨俱尽耶？"述号泣曰："若安全至岸，尚须管理⑩。如其变出意外，述亦无心独存。"因冒浪而进，见纯丧几没。述号泣呼天，幸而获免，咸以为精诚⑪所致。此所谓笃行也。学不到此，终是假在⑫，即修饰礼貌，向外周旋，徒⑬令人作伪耳。

| 今译 |

孟宗哭竹所得的笋、王祥卧冰所得的鱼，都是从真心感应而得来。南朝刘宋时有个叫谢述的人跟随他的兄长谢纯在湖北江陵，谢纯遇害而死，谢述带着谢纯的尸体返回都城（南京）。在途中遇到暴风，载着谢纯尸体的船随江漂流，不知飘向了哪里，谢述乘着小船去寻找。谢述的嫂子对谢述说："你这一去一定

不能回来，难道宁愿与你的兄长一起死掉吗？"谢述哭着说："哥哥的尸体如果能安全到达岸边，尚且需要料理后事。如果出现变故而发生意想不到的事情（指找不到谢纯的尸体），我也不想独自活在世上。"谢述于是冒着风浪前进，看到谢纯尸体快要沉没。谢述呼天大哭，谢纯的尸体因此幸免沉没，大家都认为这是因为真心诚意所获得。这就是所谓的品行敦厚。学习不到此种境界，终究是虚假的，即使修饰自己的礼节和容貌，对外客套应酬，也只不过让人变得虚伪罢了。

┃ 简注 ┃

① 孟宗之笋：（唐）欧阳询《艺文类聚》引《楚国先贤传》曰："孟宗母嗜笋，及母亡，冬节将至，笋尚未生，宗入竹哀叹而笋为之出，得以供祭，至孝之感也。"

② 王祥之鱼：（晋）干宝《搜神记》载："王祥字休征，琅邪人。性至孝。早丧亲，继母朱氏不慈，数谮之。由是失爱于父，每使扫除牛下。父母有疾，衣不解带。母常欲生鱼，时天寒冰冻，祥解衣，将剖冰求之。冰忽自解，双鲤跃出，持之而归。母又思黄雀炙，复有黄雀数十入其幕，复以供母。乡里惊叹，以为孝感所致焉。"

③ 感召：即感应，指神明对人事的反响。

④ 宋：指南朝时期刘裕所建立的宋朝（公元420—479年），后世称为"刘宋"。

⑤ 谢述：字景先，南朝刘宋时人。谢述、谢纯的事迹见梁沈约《宋书·谢景

仁传》。

⑥ 奉丧：指举行丧礼或守孝。

⑦ 丧舫：装着尸体的船。

⑧ 小郎：古代女子对丈夫之弟的称呼。

⑨ 存亡：生者和死者，这里分别指谢述、谢纯。

⑩ 营理：料理。

⑪ 精诚：真心实意。

⑫ 假在：虚假的存在。

⑬ 徒：只不过。

| 实践要点 |

儒家以"五伦"为施治纲领，以"民胞物与"之"仁"为济世襟怀，以"中庸之道"为方法准则，以"礼"为行为规范，以"大同"为最终的社会理想。本篇之中，了凡围绕"五伦"，也就是夫妇、父子、兄弟、君臣、朋友这五种最具典型性的人际关系，对儿子袁天启（袁俨）进行系统开导和训示。

关于夫妇关系，了凡强调"有别"二字，以及"节而不流""禁邪淫为最"。孟子讲"父子有亲，君臣有义，夫妇有别，长幼有叙，朋友有信"，为何单讲"夫妇有别"，这个"有别"到底是何意？在儒家看来，夫妇关系在人伦道德中处于非常重要的地位。由于男女在生理、心理上存在很大差异，因此婚姻关系中必须相互尊重对方的特质。比如男子相对理性，那么家事决定权一般由男子承担，而女子更感性，那么营造温馨的家庭氛围则是女子的强项；战争时期，男子要冲锋陷阵，女子则应该留在后方照顾伤员。之所以有这些分工，其实就是尽男女之性，尽男女之性，则自然生别。反之，强行抹煞男女的本性差异，无视男女特质的不同，则看似公平而实际违背男女之性。前贤用一个"别"字来说明这种差异，提醒夫妇双方都认可差异、相互尊重，是非常简明扼要的。此外，禁邪淫也是维持良好夫妇关系的必要条件。有关资料表明，近几年婚外情的发生有逐步攀升趋势，这是造成夫妻关系破裂的重要原因。导致婚外情的因素较多，人的本性如果不加约束，也会产生"过失性"的婚外关系。由此可见，了凡主张禁邪淫，也很有积极的现实意义。

在父子关系中，了凡讲的并不是孝顺父母的繁文缛节，而是提倡"养吾真敬""养吾真爱"，主张把对父母的爱（也就是孝）推而广之，强调"以此事君则为忠臣，以此事长则为悌弟"。在横向上，真正的孝子能够做到"无时无处而不爱敬"；在纵向上，真正的孝思可以"通神明""悟真诠"。孔子之所以重视孝，是因为将其视为"仁"的出发点和生长点。《论语》载："有子曰：其为人也孝弟（同'悌'）弟，而好犯上者鲜矣；不好犯上而好作乱者，未之有也。君子务本，本立而道生。孝悌也者，其为仁之本欤。"王阳明也说，"只从孝弟为尧舜，莫把辞章学柳韩。"了凡在此举出杨慈湖侍奉父亲的故事，表明他已经把孝升华为一种人生大学问的高度。

在兄弟一伦中，了凡强调了家族和睦的意义。他主张在兄弟之外，亲族也要根据时节，例如正月初一、正月十五、三月清明、五月端午、六月六日、七月七日、八月中秋、九月重阳、十月初一、十一月冬至等，经常组织聚会，聚在一起不是为了吃吃喝喝，其主要目的有二：一是融洽情感（"恐彼此间隔，情意疏而不通"）；二是沟通意见（"有善相告，有过相规，即平日有间言，亦可从容劝谕，使相望于杯酒间"）。此外，了凡指出兄弟关系的疏离，往往由于"妇人之言"，身为男子，必须有所警戒。

在君臣一伦，了凡提倡"忠君报国"，针对明代特有的一种不良风气，就是某些士人通过激进的上书陈言，以邀取个人声誉的做法，他特别指出，倘若谏君，"须实有益于社稷生民""昭君之过以博虚名"的做法绝不可取！

在朋友一伦，了凡倡导的朋友相处之道，包括择友必须慎重，对朋友秉持"取人以身"的原则，"宁人负我、毋我负人"等等，对于提升个人修养都有积极教育意义。

长期以来，"父子有亲、君臣有义、夫妇有别、长幼有序、朋友有信"的"五伦"教育对中国人的道德观念和为人处世的风格产生了极其深远的影响。在社会主义核心价值观视角下，深入研究汲取了凡此篇的有益思想，既可以涵养身心、提升人格，同时对建设和谐社会也大有裨益。

事师第三

子生十年，则就外傅^①，礼也。事师有常仪^②，不可不习。

一者每朝当早起。古人鸡初鸣，则盥漱^③，趋父母之侧。汝从来娇养，不能与鸡俱兴，然亦不可太晏^④，致使师起而不出。

二者诣^⑤师户外，必微咳一声，勿卒暴^⑥而入。

三者早入当问安。

四者师有所须，当如教办给。

五者粥饭茶汤，当嘱家童应时供送，迟则催之，遇见则亲阅而亲馈^⑦之。

| 今译 |

小孩到十岁，就要外出跟从老师学习，这是古代的礼制。侍奉老师有固定的礼节规范，不可以不学习。

一是每天早晨应当早起。古人在鸡刚刚打鸣的时候，就去洗脸漱口，小步快走到父母近前。你自出生以来有些娇生惯养，即使不能在鸡鸣时起身，也不可以太晚，使得老师起床了你还没出来。

二是从门外入室拜见老师，必须先轻声咳嗽一声，不要突然急促地进入。

三是早晨进入房间应当问候老师安好。

四是老师有什么需要的，应当按照老师的吩咐置办供给。

五是粥、饭、茶、汤，应当叮嘱家仆在适合的时候供给传送，晚了便要催促，如果碰到童仆送茶饭就要亲自察看并自己奉进食物给老师。

┃ 简注 ┃

①　外傅：古代贵族子弟至一定年龄，出外就学，所从之师称外傅，与内傅相对。《礼记·内则》："十年，出就外傅，居宿于外，学书记。"郑玄注："外傅，教学之师也。"

②　常仪：通常的礼仪。

③　盥漱：洗脸漱口。

④　晏：迟。《吕氏春秋》："早朝晏退。"

⑤　诣：指到尊长那里去。

⑥　卒暴：急促，紧迫。《汉书》："诏书比下，变动政事，卒暴无渐。"

⑦　亲馈：亲自奉进食物。《礼记》："侍食于长者，主人亲馈，则拜而食。"

六者师有所谈，当虚怀听教，讲书则字字详察，讲课则舍己从人①，勿执己见而轻慢②师长。

　　七者远见师来则起，师至则拱手③侍立，须起敬心。出而随行，勿践④其影。

　　八者师或无礼相责，必默然顺受，不可出声相辨⑤。

　　九者勿见师过，人或来告，必解说而掩覆⑥之。

　　十者夜间呼童预整卧具，或亲视之。师眠，当周旋掩覆⑦之。昔林子仁⑧登科后，事王心斋⑨为师，亲提夜壶，服役尽礼。近日冯开之⑩，亦命其子提壶事师。此皆前辈懿行，可以为法。

今译

　　六是老师有所谈论，应当虚心听受，讲授经书时，要字字详细考察，讲授义理时，要放弃个人的意见首先听从老师的主张，不要执着自己的见解而轻慢师长。

　　七是远远地看到老师来，便要起身，等老师到了便要拱手恭立，应该生起恭敬心。跟随老师外出，走在老师后面，不要踩踏他的影子。

　　八是老师偶尔没有礼貌地责备自己，也要沉默顺从地接受，不可以争辩。

九是不要检点老师的过失，如果有人告知老师的过失，一定要进行解释并加以掩饰。

十是夜间呼唤家童预先为老师整理床铺，并且亲自察看整理情况。老师睡觉的时候，应该在旁照料。以前林子仁考上进士后，拜王心斋为师，亲自提夜壶，尽心尽力服侍老师。最近冯开之也命令他的儿子提夜壶侍奉老师。这些都是前辈们的美好品行，可以加以效法。

| 简注 |

① 舍己从人：放弃自己的意见，服从他人的主张。《尚书》："稽于众，舍己从人。"《孟子》："大舜有大焉，善与人同，舍己从人，乐取于人以为善。"

② 轻慢：轻视怠慢。

③ 拱手：两手相合以示敬意。《礼记》："遭先生于道，趋而进，正立拱手。"

④ 践：践踏。

⑤ 辨：通"辩"，辩解。

⑥ 掩覆：掩盖，掩饰。《三国志》："其微过细故，当掩覆之。"

⑦ 周旋掩覆：指尊长睡觉时在旁照料，披盖被褥等。

⑧ 林子仁：林春（1498—1541），字子仁，初号方城，后改东城，江苏泰州人，嘉靖十一年（1532年）会试第一名（会元），授户部广西司主事，后历任吏部文选司主事、验封司员外郎等职。

⑨ 王心斋：王艮（1483—1541），字汝止，号心斋，江苏泰州人，王阳明的

弟子，创立传承阳明心学的泰州学派。

⑩ 冯开之：冯梦祯（1548—1606），字开之，号具区，又号真实居士，浙江秀水人，万历五年（1577年）进士。

　　　事师之道，全在虚心求益。倘能随处求益，则三人同行，必有我师；若执己自是①，则圣人与居，亦不能益我②。

　　　舜好问，好察迩言③。当时之人，岂复有睿哲文明④过于舜者？惟问不遗刍荛⑤，则人人皆可师；惟察不遗迩言，则言言皆至教。

　　　汝能有而若无，实而若虚，能受一切世人之益，能使一切世人皆可为师，方是大人家法⑥。

｜ 今译 ｜

　　侍奉老师的方法，完全在于虚心求益。倘若能随处求益，就如孔子所说的，三个以上的人在一起，其中一定有我的老师；假如坚持己见，自以为是，即使跟圣人住在一起，也不能使我受益。

　　舜勤于向人请教，善于分析浅近的话。当时的人，难道还有聪明睿智、文化卓越超过舜的人？只要请教问询的时候不遗漏平民百姓，那么每个人都可以成为老师；只要观照体察的时候不遗漏常人浅白的建议，那么每句话都是最好的教育。

你能有却如同没有，充实却如同空虚，能接受一切世人的益处，能使一切世人都可作你的老师，这才是我们家祖父相传的家规礼法。

| **简注** |

① 执己自是：执着自己的意见，自以为是。

② 益我：有益于我。

③ 好察迩言：善于体察常人的建议和浅显的话语。《中庸》："舜好问而好察迩言，隐恶而扬善，执其两端，而用其中于民。"

④ 睿哲文明：智慧圣明而又具有文化。《尚书》："睿哲文明，温恭允塞。"

⑤ 刍荛：割草砍柴的人。《诗经》："先民有言，询于刍荛。"

⑥ 大人家法：祖父相传的家规。大人，可有两种理解：一、作者对其父的敬称；二、德行高尚、志趣高远的人。如取后一解，则"大人家法"相当于君子家法。

| **实践要点** |

中国向有尊师重教的传统。生我者父母，成我者老师。尊重老师，是每一个人都应该做到的事情。这一篇中，了凡要求儿子对老师极尽恭敬之能事，诸如早

起事师、供送茶饭、勿执己见、勿践师影、勿见师过、预整卧具、提壶事师等事师礼仪，林林总总，细致入微，彰显了尊师敬事之心。

中国自古来被称为"衣冠上国，礼仪之邦"，礼仪文明作为中国传统文化的重要组成部分，影响中国社会长达两千多年，塑造了中国人的独特品格和民族精神。从某种意义上说，礼仪既是个人修身养性的起点，又是社会安定有序的根基。往小处说，礼仪可以修身齐家；往大处说，礼仪可以治国平天下。立于礼是为人之善，即以礼为做人的基础；行于礼是处事之善，即以礼为做事的准则；让于礼是交往之善，即以礼为交往的准则。应该说，了凡在此篇中强调的事师礼仪，大部分属于明代的"常仪"。所谓"常仪"，也就是在庶民大众认同、遵守的基础上确立起来的日常通行的礼仪规范。"常仪"源于古礼，是古礼一种与时俱进的表现形式。如果深究，这些礼仪都是人们价值观念的反映，每一个简单礼节的背后都有丰富的文化内涵。

西谚有云："吾爱我师，吾更爱真理。"这是从尊重知识、尊重理性的角度，强调不要因为对老师的尊敬和爱戴，就不敢质疑老师的观点，而是要以客观、理性、严谨的态度去追求真理。这个观念并没有错，而倡导"当仁不让于师"的中国传统文化也是向来支持这一观念的。但了凡此处讲究事师礼仪，并不涉及老师、真理二者的讨论，了凡要儿子尊敬老师，并不是主张儿子认同老师的每一句话，而是强调秉持恭敬之心对待老师，秉持谦虚之心对待道理知识。因为对于任何一个孩子而言，没有什么比从老师那里学习道理、汲取智慧更加重要。

而向老师学习，尊敬老师是前提。一分恭敬，一分收获；十分恭敬，十分收获。必须指出的是，尊敬老师并不等同于否定批判精神，更不是阻碍创新思维，恰恰相反，善于继承是为了更好创新。

以现代眼光来看，了凡提倡的某些具体的事师礼仪未免显得繁琐。有些礼仪，如早起事师、供送茶饭、预整卧具、提壶事师等等，也已经不适于当今时代发展，对此我们必须坚持古为今用、以古鉴今的原则。那么，如何看待了凡提出的具体事师礼仪？一言以蔽之——师其"意"而不袭其"迹"。这些事师礼仪的背后深意是尊重与谦虚，现代人只要努力克服傲慢轻浮的心态，保持谦虚恭敬之心，随时都可以学习，随处都是提升自我的机会，所谓"三人行，必有我师"。这是简单的道理，可惜很多人却视而不见。通过明了古人的事师仪轨，深入理解古人尊师重教的深层原因，这是本篇的可贵之处。

当今社会，教育领域出现很多问题，学生家长与老师的冲突屡屡见诸报端，其表现形式固然多种多样，但在这场没有硝烟的战争中，最终受害者到底是谁？无疑是学生自己。从另一个角度来看，一个不尊重老师的学生，又能从老师那里获得什么呢？值得深思。

处众第四

弟子之职①，不独亲仁②，亦当爱众③。盖亲民④原是吾儒实学⑤，故一切众人，皆当爱敬。孟子曰："仁者爱人，有礼者敬人。"所谓爱人者，非拣好人而爱之也，仁者无不爱。善人固爱，恶人亦爱，如水之流，不择净秽，周遍沦洽⑥，故曰"泛爱"。

| 今译 |

弟子的天职，不仅应亲近有仁德的人，也要博爱大众。因为亲民本是儒学中切实有用的学问。所以对一切人，都应当持亲爱恭敬之心。孟子说："以仁存心之人爱人；以礼存心之人敬人。"爱人的意思，不是挑选出善良的人来友爱，而有仁心的人友爱所有人。善良的人本当敬爱，恶人也要以爱心待之。如同奔流之水，不管干净或是污秽，泽及一切地方。所以叫做"泛爱"。

简注

① 弟子之职：弟子，为人弟者与为人子者，泛指年幼的人。职，职分，分内应做的事。

② 亲仁：亲近有仁德的人。

③ 爱众：博爱大众。出自《论语·学而》："泛爱众，而亲仁"。

④ 亲民：亲近民众和顺应民心。亲，亲近、仁爱。

⑤ 实学：切实有用的学问。

⑥ 周遍沦洽：遍及一切。周遍，普及周全；沦洽，广博周遍。

问：既如此，何故说仁者能恶①人？曰：民，吾同胞②。君子本心，只有好③无恶，惟其间有伤人害物，戕④吾一体之怀者，故恶之。是为千万人而恶，非私恶也。去一人而使千万人安，吾如何不去？杀一人而使千万人惧，吾如何不杀？故放流诛戮，纯是一段恻隐⑤之心流注⑥，总是爱人，此惟仁者能之，而他人不与⑦也。识得此意，纵遇恶人相侮，自无纤毫相碍。

问：既然这样，为什么说仁者可以厌恶他人呢？答：所有的人都是我的同胞。君子的内心天性，只有喜爱而无憎恶，而其中有恶人伤人害物，损害我仁爱全体之人的心志，所以君子厌恶他。这是为了千万人而憎恶，不是出于私欲的憎恶。驱逐一人而使千万人得到安宁，我为何不驱逐他呢？诛杀一人而使千万人敬畏刑法，我为何不诛杀他呢？所以无论是放逐还是诛杀，全是一片同情悲悯之心在发用流行，都是仁爱他人。这只有仁者能做到，而不以仁存心之人无法做到。懂得此意，即使遇到恶人侮辱，自然不会丝毫妨碍我的心志。

| 简注 |

① 恶：厌恶。

② 民吾同胞：所有的人都是我的同胞。同胞，同一父母所生的兄弟姐妹。出自张载《西铭》："民，吾同胞；物，吾与也"。张载（1020—1077），字子厚，凤翔郿县（今陕西眉县横渠镇）人。北宋思想家、教育家、理学创始人之一。

③ 好：喜爱，友爱。

④ 戕：残害。

⑤ 恻隐：同情怜悯。

⑥ 流注：贯注。

⑦ 与：参与。

孟子三自反之说①，最当深玩。吾肯真心自反，即处人十分停当②，岂肯自以为仁，自以为礼，自以为忠？彼愈横逆③，吾愈修省④。不求减轻，不求效验⑤，所谓终身之忧⑥也。一可磨练吾未平之气，使冲融⑦而茹纳⑧。二可修省吾不见之过，使砥砺而晶莹。三可感激上天玉成⑨之意，使灾消而福长。

| 今译 |

/

孟子仁、礼、忠三自反的说法，最当深刻玩味。我遇事能真心反躬自问，则与人相处十分妥帖，岂会自以为己仁，自以为有礼，自以为尽忠？对方愈是横暴，我愈要修身反省。不求他人之横暴有所减轻，不求己身之反省有所成效，这就是古人所说的"君子有终身之忧"的意思。一可磨炼我容易愤慨的气性，使之冲和而包容。二可以修正反省我不易察觉的过失，通过磨炼使之纯净。三可感激上天成全之意，使灾难消解，福慧增长。

| 简注 |

/

① 三自反之说：从仁、礼、忠三个方面反躬自问。出自《孟子·离娄下》：

"孟子曰：'有人于此，其待我以横逆，则君子必自反也：我必不仁也，必无礼也，此物奚宜至哉？其自反而仁矣，自反而有礼矣。其横逆由是也，君子必自反也：我必不忠。自反而忠矣，其横逆由是也，君子曰：此亦妄人也已矣，如此则与禽兽奚择哉？于禽兽又何难焉？'"

② 停当：妥帖，妥当。

③ 横逆：强暴不顺礼。

④ 修省：修正反省。

⑤ 效验：成效。

⑥ 所谓终身之忧：语出《孟子·离娄下》："君子有终身之忧，无一朝之患。"意谓君子的人生目标是修身进德，所以终身担忧自己的德行不长进，而不会为外在的得失忧虑。

⑦ 冲融：冲和，恬适。

⑧ 茹纳：容忍、包容。

⑨ 玉成：意谓助之使成。参见张载《西铭》："富贵福泽，将厚吾之生也；贫贱忧戚，庸玉女于成也"。

　　汝今后与人相处，遇好人，敬之如师保①，一言之善，一节之长，皆记录而服膺②之，思与之齐③而后已。遇恶人，切莫厌恶，辄默然自反："如此过言，如此过动，吾安保其必无？"又要知世道衰微，民散④已久，过言过动，是众人之常事，不惟不可形之于口，亦不可存之于怀，汝但持正，则恶人自远，善人自亲。汝父德薄，然能包容，人有犯者，不相较量，亦不复记忆。汝当学之。

你今后与人相处，遇到品行端正的人，应当如同对待老师般尊敬他。他的一句善言，一点长处，都记录下来并铭记于心，一心想要向他看齐。遇到恶人，务必不要生出厌恶之心，而是静默自省："这样的错误言论，这样的错误行为，我能保证一定不会做出来吗？"又要理解社会道德沦落，人民涣散放逸已久，错误的言论和行为是众人常有的事情。厌恶之情不仅不必用语言表现出来，也不能存在心里。你只要持守公正，则恶人自然远离，善人自然来亲近你。你的父亲德性浅薄，然而能包容百事，他人有冒犯我的，我不去计较，也不再存于心中。你应当学习这种品行。

| 简注 |

① 师保：古时任辅弼帝王和教导王室子弟的官，有师有保，统称"师保"。

这里泛指老师。

② 服膺：铭记在心，衷心信奉。出自《中庸》："得一善，则拳拳服膺而弗失之矣。"

③ 思与之齐：想要向他看齐。语出《论语·里仁》："见贤思齐焉，见不贤而内自省也。"

④ 散：涣散，放逸。

《周易》曰："地势坤，君子以厚德载物。"夫持之而不使倾，捧之而不使坠，任其践蹋①而不为动，斯谓之载。今之人至亲骨肉，稍稍相拂②，便至动心③，安能载物哉？《中庸》亦云："博厚所以载物也，高明所以覆物也。"人只患德不博厚、不高明耳。须要宽我肚皮，廓吾德量④。如闻过而动气，见恶而难容，此只是隘。有言不能忍，有技不能藏，此只是浅。勉强⑤学博，勉强学厚。天下之人，皆吾一体，皆吾所当负荷⑥而成就之者。尽万物而载之，亦吾分内⑦。不局于物则高，不蔽于私则明。吾苟高明，自能容之而不拒，被⑧之而不遗。此皆是吾人本分之事，不为奇特。汝待遇一切人，皆思载之覆之，胸中勿存一毫怠忽之心，勿起一毫计较之心，自然日进于博厚高明矣。

《周易》说："大地的特点是厚实和顺，君子也要以宽厚的美德包容承载万物。"持守而不使它倾斜，捧举而不使它坠落，任凭践踏而不为所动，这就叫做包容承载。但如今骨肉亲人之间，意欲稍微相违背，便会产生感情波动，如何能容载世间万物呢?《中庸》也说："广博深厚所以能承载万物，崇高明睿所以能覆庇万物。"

人只需担忧德行不够广博深厚、品性不够崇高明睿，而应当拓宽气量，廓张涵养和胸襟，如果听见别人指出自己的过失就生气，看见恶人就难以容忍，这只是狭隘罢了。有话不能忍住不说，有技能不能藏住不显露，这只是浅陋。需要尽力修学广博，尽力修学深厚，天下之人与我都是一个整体，都是我所应当承担责任而使其成全德性的人。尽万物之性而包载万物，也是我本分之事。不被一物所局限则崇高，不被私欲所遮蔽则明睿。我如果达致崇高明睿，自然能容纳万物而不排斥，覆庇万物而无不尽。这都是我本分之事，没有什么神奇特别的。你对待一切人，都要想到包载、覆庇他，胸中不要存有一点怠惰玩忽之心，不要生出一点计较得失之意，自然每日增进博厚高明的修养。

| 简注 |

/

① 践蹈：踩踏，踩践。
② 相拂：相违背。

③ 动心：谓思想、感情引起波动。

④ 德量：道德涵养和气量。

⑤ 勉强：尽力而为。

⑥ 负荷：担负、承担。

⑦ 分内：本分之内。

⑧ 被：盖覆。

《易》曰："君子能通天下之志。"昔子张问达①，正欲通天下之志也。夫子告之曰："质直而好义，察言而观色，虑以下人。"大凡与人相处，文则易忌，质则易平，曲则起疑，直则起信。故以质直为主，坦坦平平，率真务实，而又好行义事②，人谁不悦？

然但能发己自尽③，而不能徇物④无违。人将拒我而不知，自以为是而不耻，奚可哉？故又须察人之言，观人之色，常恐我得罪于人，而虑以下之，只此便是实学。亲民之道，全要舍己从人，全要与人为等，全要通其志而浸灌⑤之。使彼心肝骨髓，皆从我变易。此等处，岂可草草读过。

/

《周易》说："只有君子才能通达天下人的意志"。古时子张问"怎样才称得上达"，正是想要通达天下人的意志。孔夫子回答他说："内心平实正直，好行正义之事，又能察人言语，观人容色，存心谦退，总使自己处在别人下面。"大抵与人相处，文采华盛则容易招致嫉妒，质实朴素则易与人相处；婉曲不直则容易引起怀疑，正直坦率则令人信服。所以品行以质朴正直为主，坦荡平正，率真务实，而又喜欢行正义之事，谁会不喜欢这样的人呢？

然而只能凡事竭尽自己的力量，而不可以去迎合物议曲意奉承。如果他人不接受我而我又不知，自以为是而不感到羞耻，这怎么可以呢？所以我又必须审察他人言论，观察他人脸色，常担忧我会冒犯于人，而总好把自己处在他人之下。只要这样就是切实有用的学问。亲近民众的原则，全在于舍弃对自我的执著、顺应他人的需要，全在于与人平等相处，且理解他人的意趣志向而以正道熏陶他们。使民众身心气质都从我的熏养中变化。这等关键之处，岂能草率读过。

| 简注 |

/

① 子张问达：出自《论语·颜渊篇》："子张问：'士何如斯可谓之达矣？'子曰：'何哉，尔所谓达者？'子张对曰：'在邦必闻，在家必闻。'子曰：'是闻也，非达也。夫达也者，质直而好义，察言而观色，虑以下人。在邦必达，在家必达。夫闻也者，色取仁而行违，居之不疑。在邦必闻，在家必闻。'"

② 义事: 正义的事情。

③ 自尽: 尽自己的才力。

④ 狥物: 迎合物议、迎合他人。

⑤ 浸灌: 浸渍, 熏陶。

处众之道, 持己只是谦, 待人只是恕, 这便终身可行。凡与二人同处, 切不可向一人谈一人之短, 人有短, 当面谈, 又须养得十分诚意, 始可说二三分言语。若诚意未孚 ①, 且退而自反。即平常说话, 凡对甲言乙, 必使乙亦可闻, 方始言之, 不然, 便犯两舌 ② 之戒矣。

| 今译 |

　　与民众相处的原则, 持守己身只要谦恭反省, 待人接物只要即切近之情而体谅他人, 这便可以终身行之。凡是与二人相处, 切不可向其中一人谈论另一人的短处, 人有短处, 应当面提点, 又必须自己心中充满十分的诚意, 才可以说两三分提醒对方的话。如果诚意未到, 就要退下反躬自省。即使平时说话, 凡是对甲方谈论乙方, 所说的话必须让乙方也能听见, 这样才能说, 不然就犯了挑拨是非的戒条。

① 孚：达到，符合。

② 两舌：佛教中因语言所犯的四种恶业：恶口、两舌、妄语、绮语。两舌，指在人与人之间传播是非、制造矛盾。

老者安，朋友信，少者怀。①天下只有此三种人，凡长于汝者，皆所谓老者也。《曲礼》曰："年长以倍，则父事之；十年以长，则兄事之；五年以长，则肩随②之。"又曰："见父之执③，不谓之进不敢进；不谓之退，不敢退；不问，不敢对。"又曰："父之齿④随行。任轻⑤则并之，任重则分之。"谦卑逊顺，求所以安其心，而不使之动念⑥；服劳奉养，求所以安其身，而不使之倦勤。皆当曲体⑦而力行者也。同辈即朋友，有亲疏善恶不齐，皆当待之以诚。下于汝者，即少者也，常怀之以恩。御僮仆、接下人，偶有过误，不得动色相加，秽言相辱，须从容以礼谕之。谕之不改，执而杖之，必使我无客气⑧、彼受实益，方为刑不虚用。《书》曰："毋忿嫉于顽⑨。"彼诚顽矣，我有一毫忿心，则其失在我，何以服人？故未暇治人之顽，先当平己之忿，此皆是怀少之道。切须记取。

　　我愿对老者，能使他安定。对朋友，能待之以诚信。对少年，能给予他们关怀。天下只有老者、朋友、少者这三种人。凡是年长于我的，都可以叫做老者。《曲礼》说："年纪比我大一倍的，应如侍奉父母一样对待他；年纪比我大十岁的，应如侍奉兄长一样对待他；年纪比我大五岁的，则可并肩而行，又须稍微在后。"又说："见到父亲的执友，不使我上前则不敢上前，不使我退下则不敢退下。"又说："遇见父亲的同辈则跟随其后而行。与长辈都挑着轻担子，应把长辈的轻担并到自己肩上；都挑着重担子，应把长辈的重担分过来一些。"谦虚恭顺，用来安宁长者之心，而不使其动心劳神；服事奉养，用来安闲长者之身，而不使他疲倦奔劳。这些都应当深入体察而努力实践。同辈即是朋友，有亲疏善恶的不同，都应当以真诚相待。年纪比你小的，即是少者，要常关怀他们施予恩情。管理仆役，对待下人，即使他们偶然有过失，也不要改变脸色，脏言辱骂，应当态度平和，不失礼节地教导他。教导仍不改，责打惩罚他时，一定要不带情绪，使他实在地得到教益，这样才能使刑罚不会白白施行。《尚书》说："不要对愚妄无知者愤怒憎恶"。他的确愚妄无知，而我如果有一点愤怒之心，则过错在我，用什么来令人信服？所以在惩戒他人的愚妄之前，应当先行平治自己的怨怒，这都是感怀少者的原则，切须谨记。

　　① 老者安，朋友信，少者怀：老者使其安定，朋友待之以诚信，少年给予

他们关怀。出自《论语·公冶长》："子曰：'老者安之，朋友信之，少者怀之。'"

② 肩随：古时年幼者事年长者之礼，并行时斜出其左右而稍后。

③ 执：执友。志同道合的朋友。

④ 齿：同辈。

⑤ 任轻：任，负担。负担轻的东西。

⑥ 动念：犹动心。思想、情感引起波动。

⑦ 曲体：深入体察。

⑧ 客气：意气、情绪。

⑨ 顽：愚妄无知的人。

实践要点

如何同他人相处，如何保持个人与社会的和谐发展，是一个古老而又现实的问题。讲究"处众"之道，实现人与人之间在日常交往中的和谐是儒家伦理思想的重要方面。在本篇中，了凡主要讲解人与人和谐相处的问题。

了凡认为，与人相处在于秉持一颗包容之心，致力于《易经》所提倡的"厚德载物"境界。他认为要做到"载物"，必须在心量上下功夫。所谓"载"，就是"持之而不使倾，捧之而不使坠，任其践蹈而不为动"。应该说，真正做到这一点需要极高的涵养，并不容易。话说清朝康熙年间，张英在朝廷任文华殿大学士、礼部尚书。在张英的老家安徽，其家人与邻居吴家在宅基问题上发生争执，因两家宅地都是祖上基业，时间久远，对于宅界谁都不肯相让。双方将官司打到县衙，因双方都是权势显赫的名门望族，县官也不敢轻易了断。于是张家人千里传书到京城求救。张英收到家书之后，批诗一首寄回老家——"千里来书只为墙，让他三尺又何妨？万里长城今犹在，不见当年秦始皇"。家人阅罢，明白其中意思，主动让出三尺地。吴家见状，深受感动，也出动让地三尺，这样就形成了一个六尺的巷子，这就是现在位于桐城市西南隅的"六尺巷"。

谚云："谦卦六爻皆吉，恕字终身可行。"了凡同样强调，"处众"的关键在于"谦""恕"二字。对自己，要秉持一个"谦"字；对他人，要秉持一个"恕"字。这是中国传统文化在待人接物方面最为推崇的两个方面。

南怀瑾曾说："在《易经》是一个卦名，叫做'地山谦'。它的画像，是高山峻岭，伏藏在地的下面，也可以说，在万仞高山的绝顶之处，呈现一片平原，满目晴空，白云万里，反而觉得平淡无奇，毫无险峻的感觉。八八六十四卦，没有一卦是大吉大利的，都是半凶半吉，或者全凶，或是小吉。只有谦卦，才是平平吉吉。古人有一副对联：'海到无边天作岸，山登绝顶我为峰。'看来是多么的气派，多么的狂妄。但你仔细一想，实际上，它又是多么的平实，多么的轻盈，它是描述由极其绚烂、繁华、崇高、伟大，而终归于平淡的写照。如果人们的学养，能够到达如古人经验所得的结论，'学问深时意气平'，这便是诚意、自谦的境界了。"

此外，孔子首创的恕道，尤其是"己所不欲勿施于人"的原则，是中国传统伦理宝库的精华所在，也是被全世界所认同的伦理准则，在当今和谐社会建设进程中应予大力弘扬。儒家的恕道，既是中国人应对公共生活的一种准则，又是一门艺术。它意味着人与人之间不再是明争暗斗、貌合神离，而是肝胆相照、精诚合作；它意味着社会能容忍不同声音，而不用担心迫害和压制；它意味着政府行为不再喜怒无常、变幻不定，而是更富有人性和温情，与民众保持良好的互动关系。凡此种种，臻于极致，便是儒家追求的"仁"的境界。

在与人相处过程中，了凡特别强调"两舌之戒"，用他的话说，"即平常说话，凡对甲言乙，必使乙亦可闻，方始言之"。以佛教的观点来看，"两舌"属于十恶业之一，即搬弄是非，离间他人，例如，向甲说乙，向乙说甲，用挑拨中伤的言语，破坏密切友好的关系。"两舌之人难相处，翻手作云覆手雨"。现代人要建立和谐美满的人际关系，营造与人为善的良好氛围，也必须力戒"两舌"，从细微处入手端正自己的言行，这是了凡所讲"处众"之道的深意所在。

修业第五

进德修业，原非两事。士人有举业①，做官有职业，家有家业，农有农业，随处有业。乃修德日行，见之行者。善修之，则治生产业，皆与实理不相违背；不善修，则处处相妨②矣。汝今在馆③，以读书作文为业。

修业有十要：一者要无欲。使胸中洒落④，不染一尘，真有必为圣贤之志，方可复读圣贤之书，方可发挥圣贤之旨。

二者要静。静有数端：身好游走，或无事间行，是足不静；好博奕⑤呼卢⑥，是手不静；心情放逸，恣肆攀缘，是意不静。切宜戒之。

┃ 今译 ┃

提升道德和修行事业，本来就不是互不相关的两件事。读书人有科举之事业，做官者有职场之事务，居家有家庭劳务，务农有农业生产，无论在哪里都会有事业可为，所谓事业，只是把修养道德的日常功夫表现在行为上。如果善于修

天津宝坻袁黄（了凡）纪念馆袁了凡塑像

浙江嘉善了凡纪念园袁了凡塑像

嘉善袁了凡墓

刻了凡雜著序

了凡先生幼習禪觀已浮定慧通明之
學欲棄人間事從遊方外入終南山遇
異人令其入塵修鍊謂一切世法皆與
實理不相違背遂渡歸家應舉四方從
遊者甚眾隨緣接引人～各有所浮如
群飲于河各充其量熙如也先生又以

張氏雜箸等集

明刻本《了凡杂著》书影

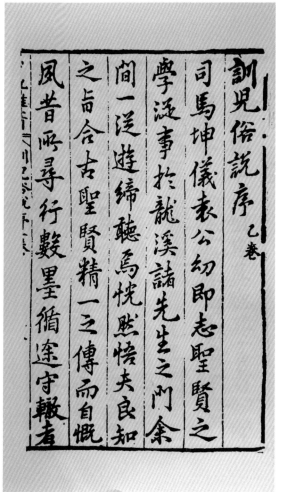

訓兒俗說序 乙卷

司馬坤儀表公幼即志聖賢之

學涎事於龍溪諸先生之門余

間一従遊緒聽為恍黙悟夫良知

之旨合古聖賢精一之傳而自慨

風昔兩尋行數墨循途守轍者

《了凡杂著》收录的《训儿俗说》书影一

了凡雜著訓兒俗說一卷

趙田逸農袞仌□著

男天啓梓行

立志第一

汝今十四歲明年十五正是志學之期須是立志求

爲大人大人之學在明上德在親民在正于至善此

不但是孔門正脉乃是從古學聖之規範只爲儒者

認說致使規程不顯正脉沉埋我在學問中初受龍

溪先生之教始知端倪後參求七載僅有所省今爲

《了凡杂著》收录的《训儿俗说》书影二

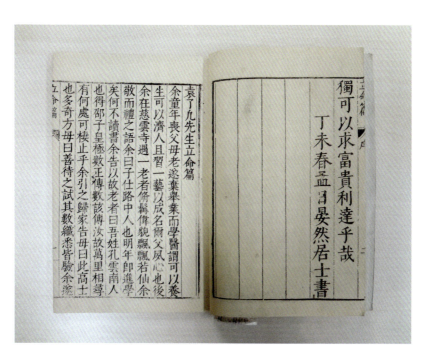

獨可以求富貴利達乎哉
丁未春孟月晏然居士書

袁了凡先生立命篇
余童年喪父母老逮兼舉業而學醫謂可以養
生可以濟人且習一藝以成名爾父夙心也後
余在慈雲寺遇一老者修髯偉貌飄飄若仙余
敬而禮之語余曰子仕路中人也明年即進學
矣何不讀書余告以故老者曰吾姓孔雲南人
也得邵子皇極數正傳數該傳汝故萬里相尋
有何處可棲止乎余引之歸家告母曰此高士
也多奇方母曰善待之試其數纖悉皆驗余遂

日本内阁文库藏明版袁了凡《立命篇》书影

了凡袁先生省身録

余童年喪父，母老年棄擧業而學醫謂可以養生可
以濟人且習一藝以成名爾父夙心也後余在慈雲
寺遇一老者修髯偉貌飄飄若僊予敬而禮之語予
曰子仕路中人也明年即進學矣何不讀書余告以
故故吾姓孔雲南人也得邵子皇極數正傳數該傳
汝故萬里相尋有何處可棲止乎予引之歸家告母
曰此高七也多奇方母曰善待之試其數纖悉皆驗
予遂起讀書之念謀之表兄沈稱稱言郁海谷先生

省身録

日本内阁文库藏明版袁了凡《省身录》书影

养，那么开展各种生产事业，都不会与道德有所冲突；如果不善于修养，则道德、事业可能处处忤逆。你现在在学馆，就应该把读书和作文作为自己的事业。

增进事业有十个要点：第一是要管得住欲望。使得内心自由畅达，一尘不染，真正怀有成为圣贤的心志，才能反复习读圣贤的著作，才能真正理解圣贤的要旨。

第二是要心神平静。平静有多种情况：有事没事喜欢走来走去，这是脚上不安静；喜欢赌博下棋还吵吵嚷嚷，是手上不安静；恣情放逸、任性使气、心不专注，是意念不安静。这些都应该戒除。

| 简注 |

① 举业：科举考试。古代士人主要通过科举考试来进入仕途。

② 相妨：互相妨碍、抵触。

③ 馆：学馆。

④ 洒落：飘逸，豁达。

⑤ 博奕：即"博弈"。博，赌博。弈，下棋。

⑥ 呼庐：庐传，呼告。

三者要信。圣贤经传①，皆为教人而设，须要信其言言可法、句句可行。中间多有拖泥带水、有为着相②之语，皆为种种病人③而发。人若无病，法皆可舍，不可疑之。入道之门，信为第一。若疑自己不能作圣④，甘自退屈，或疑圣言不实，未肯遵行，纵修业，无益也。

四者要专。读书须立定课程，孳孳汲汲⑤，专求实益。作文须凝神注意，勿杂他缘。种种外务，尽情抹杀⑥。勿好小技，使精神⑦漏泄。勿观杂书，使精神常分。

今译

第三是要相信。古代圣贤的经文典籍和注解文字，都是为了教育民众而作，因此要相信它们字字句句都是可以效法和实行的。其中那些反反复复拖泥带水的、落入事物表相的文字，都不过是针对各种有障碍的人写的。一个人如果没有障碍，实际上连各种法门都不再需要，这一点不要怀疑。进入道的门径，相信是第一步。如果怀疑自己不能达到圣人的境界，自甘平庸，或者怀疑经典没有切实的作用，不愿意遵照执行，即便修行事业，也不会有所长进。

第四是要专心。读书要设定课程范围，勤勉不懈，务求获得真才实学。写文章的时候要聚精会神，不要间杂其他事务。杜绝心思向外攀援。不要偏好那些雕虫小技，以防精力流失。不要看那些闲散的书，以防精神分散。

简注

① 经传：经典和解释经典的著作。

② 有为着相：佛教用语。有为和无为相对，指有作为，或有所待。着相和离相相对，指执著事相，不达本质。

③ 病人：指道德修养上有缺点和障碍的人。

④ 作圣：达到圣人的境界。

⑤ 孳孳汲汲：形容心情急切、勤勉不懈的样子。孳音 zī，汲音 jí。

⑥ 种种外务，尽情抹杀：外务，指注意力被其他事务牵引，精神向外奔驰。尽情抹杀，指一概杜绝。

⑦ 精神：精力，精气神。

五者要勤。自强不息①，天道之常。人须法②天，勿使惰慢之气设于身体。昼则淬砺③精神，使一日千里；夜则减省眠睡，使志气常清。周公贵无逸④，大禹惜寸阴⑤，吾辈何人，可以自懈⑥？

六者要恒。今人修业，勤者常有，恒者不常有。勤而不恒，犹不勤也。涓涓之流，可以达海，方寸之芽，可以参天，惟其不息耳。汝能有恒，何高不可造⑦，何坚不可破哉！

／

　　第五是要勤劳。自强不息是天道运行的常态。人应该效法上天，不要让懒散轻慢的气息进入身体。白天要磨炼精神，畅达无碍，一日千里；夜晚要减少睡眠，使神志保持清明。周公告诫不要贪图安逸享受，大禹操劳公务，三过家门而不入。我们是什么样的人（远远不如他们），又怎么能够自我松懈？

　　第六是要有恒心。现在的人修习事业，勤劳的人有很多，但很少有能够持久的人。勤劳但不持久，仍然还是不勤劳。涓涓细流可以到达大海，方寸小芽可以长成参天大树，都是坚持而不停止的缘故。你只要有恒心，再高的地方也可以到达，再坚固的东西也可以击破了！

／

　　① 自强不息：出自《周易·乾》：“天行健，君子以自强不息。”（天道运行刚健，君子因此也要不断更新自强。）

　　② 法：效法，以之为规则。

　　③ 淬砺：淬火和磨砺以使刀剑坚利，比喻刻苦磨炼。

　　④ 周公贵无逸：出自《尚书·无逸》，周公曰：“君子所其无逸。”（在位的君子，不应该贪图安逸享受。）

　　⑤ 大禹惜寸阴：大禹为治水奔忙，三过家门而不入。

　　⑥ 自懈：自我松懈。

⑦ 造：至，到达。

七者要日新。凡人修业，日日要见工程①。如今日读
此书，觉有许多义理，明日读之，义理又觉不同，方为
有益。今日作此文，自谓已善，明日视之，觉种种未工，
方有进长。如蘧伯玉②二十岁知非改过，至二十一岁回
视昔之所改，又觉未尽；直至行年③五十，犹知四十九
年之非，乃真是寡过的君子。盖读书作文与处世修行，
道理原无穷尽，精进原无止法。昔人喻检书④如扫尘，
扫一层，又有一层，又谓"一翻拈动一翻新"⑤，皆实
话也。

| 今译 |

第七是要每天有所进步。凡是一个人修习事业，每天都要做功课。如果是今
天看这本书，觉得体会到一些道理，第二天再看，又觉得别有所得，这样才是真
正得益。今天写文章，觉得已经很好了，但是第二天再看，又会觉得很多地方还
不够到位，这样才能有所长进。就像善于改过自新的蘧伯玉一样，二十岁的时候
认识自己的不足而加以改进，但是到了二十一岁的时候再回头看以前所作的改正，
又觉得还不到位。一直到了五十岁的时候，也还会知道四十九岁时候的过错，他

真称得上不断减少错误的君子。读书作文和为人处世的道理，本来就无穷无尽，所以只有精进而无法停步。从前的人把校正书中的错误比喻为扫地，不断扫，不断有落尘，又说"一翻拈动一翻新"（每一次拿起来都有不一样的体会），这些都是实实在在的道理。

简注

① 工程：功课的日程。

② 蘧伯玉：蘧瑗（qú yuàn），字伯玉，谥成子，春秋时期卫国大夫。《淮南子·原道训》："蘧伯玉年五十而知四十九年非。"此典化用于《庄子·则阳》："蘧伯玉行年六十而六十化，未尝不始于是之而卒诎之以非也。未知今之所谓是之非五十九非也。"（蘧伯玉六十年来不断改变自己，没有不是开始认为正确而后来认为是错误的。不知道他现在所肯定的是否就是五十九岁时所否定的。）《论语·宪问》中记录了孔子向蘧伯玉的使者问候他的情况，使者告诉孔子说蘧伯玉只是希望减少自己的过失，这一点令孔子大为赞赏。这个典故多次被袁了凡提起，另见于《了凡四训》等书，可谓凡有著作即谈改过，凡谈改过即用此典，可见了凡先生受此启发之深。

③ 行年：经历的年岁，指当时年龄。

④ 检书：校书，校正书中的错误。

⑤ 一翻拈动一翻新：出自明代大儒陈献章（白沙）诗《静轩次韵庄定山》。原诗作："无极老翁无欲教，一番拈动一番新。"

八者要逼真①。读书俨然如圣贤在上，觌面②相承，问处如自家问，答处如圣贤教我，句句消归自己，不作空谈。作文亦身体③而口陈④之，如自家屋里人谈自家屋里事，方亲切有味。

　　九者要精。管子⑤曰："思之，思之，又重思之。思之不通，鬼神将通之。非鬼神之力，精神之极也。"⑥《吕氏春秋》载："孔丘、墨翟昼日讽诵习业，夜亲见文王、周公旦而问焉，用志如此其精也。"⑦《唐史》⑧载赵璧⑨弹五弦⑩，人问其术，璧云："吾之于五弦也，始则心驱之，中则神遇之，终则天随之。吾方浩然，眼如耳，耳如鼻，不知五弦之为璧，璧之为五弦也。"学者必如此，乃可语精矣。

┃ 今译 ┃

　　第八是要真诚。读书就好像圣贤在上，自己当面受教，书里面提问，就像是你自己在问；书里面的回答，也就像圣贤当面回答你。字字句句都要切身体会，而不能只是空谈。写文章也是要有切身体会而把它写下来，就像是在自己家里谈论自己家的事情，这样才亲切有味。

第九是要专精。管子说："思虑了又考虑，还要再思虑。如果还是想不明白，鬼神也将帮你想通。其实这不是鬼神的力量，而是精神的最高作用。"《吕氏春秋》上面记录了孔子、墨子白天诵读学习，晚上就能够梦到文王、周公，向他们请教，这就是心志专精的作用。《唐史》上面记录赵璧善于弹奏五弦琵琶，人们询问他弹琴的技术，他回答说："我弹琵琶的时候，刚开始是用心去弹，随后就是精神与琴声相会合，最后就是自然而然，随从天意。到了这个时候，我觉得自己浩大而安然，所看到的、听到的、闻到的，都混同在一起，不分彼此，也不知道琵琶是我，还是我是琵琶。"学习的人一定要这样，才可以称得上专精。

| 简注 |

① 逼真：真切。

② 觌面：当面。觌音 dí。

③ 身体：切身体验、体会。

④ 陈：陈说，口述。

⑤ 管子：管仲（约公元前 723 年—公元前 645 年），姬姓，管氏，名夷吾，字仲，谥敬，颍上（今安徽境内）人。齐僖公三十三年（公元前 698 年），管仲开始辅助公子纠。齐桓公元年（公元前 685 年），管仲任齐相，使齐国成为春秋时期第一个霸主。

⑥ 管子曰……精神之极也：见于《管子·内业》。

⑦《吕氏春秋》……用志如此其精也：见于《吕氏春秋·博志》。

⑧《唐史》：即《唐国史补》，又称《国史补》，为中唐人李肇所撰，记载唐代开元至长庆之间一百年事，涉及当时的社会风气、朝野轶事及典章制度等方面。

⑨ 赵璧：唐贞元年间著名琵琶手。白居易《五弦弹》："自叹今朝初得闻，始知孤负平生耳。唯忧赵璧白发生，老死人间无此声。"（今天听到赵璧的琵琶，才知道以往是白白辜负人生岁月了。只担心赵璧自己也老了，等到他去世就再也听不到这么美好的乐音了。）

⑩ 五弦：五弦琵琶，是古代北方少数民族弹拨弦鸣乐器，简称"五弦"。盛唐时期曾流行于广大中原地区。

十者要悟。"志道""据德""依仁"可以已矣，而又曰"游于艺"，①何哉？艺一也，溺之而不悟，徒敝精神。游之而悟，则超然于象数②之表，而与道德性命为一矣。昔孔子学琴于师襄，五日而不进。师襄曰："可以益矣。"孔子曰："丘得其声矣，未得其数也。"又五日，曰："丘得其数矣，未得其理也。"又五日，曰："丘得其理矣，未得其人也。"又五日，曰："丘知其人矣。其人颀然而长，黝然而黑，眼如望羊，有四国之志者，其文王乎？"师襄避席而拜曰："此文王之操也。"③夫琴，小物也，孔子因而知其人，与文王觌面相逢于千载之上，此悟境也。今诵其诗，读其书，不知其人，可乎？④到此田地，方知游艺有益，方知器数⑤无妨于性命。

第十是要开悟。《论语》上说到"志于道，据于德，依于仁"就可以了，而又说要"游于艺"，为什么呢？同样是艺术，如果沉溺其中而不醒悟，白白浪费精神。悠游在艺术之上并获得感悟，就会超越事物的表象，从而与道德和生命之道融为一体。当年孔子向师襄学琴，五天都不更新曲目。师襄说："可以练习更多的内容了。"孔子回答说："我只是掌握了它的声音，还没有掌握它的规律。"这样又过了五天，孔子说："我掌握了它的音律，但是还不明白其中的道理。"这样又过了五天，孔子说："我理解了其中的道理，但是还不能了解作者其人。"这样又过了五天，孔子说："我终于可以通过琴声了解到作者本人了——他个头比较高，肤色黝黑，目光深邃，怀有天下之志，这个人不就是文王吗？"师襄离开座席，向他施礼参拜说："这就是文王所作的琴曲啊！"琴其实不过是小物件，孔子却能够凭借它来了解作曲者，跨越千年间隔，与文王对面交流，这就是参悟所能达到的境界。而今我们诵读古人的诗、阅读古人的书，却不了解他们的为人，怎么可以呢？到了这个境界，才会明白悠游于艺术的好处，也才知道玩物未必丧志，器物、象数也并不妨害对生命之道的体认。

| 简注 |

/

① "志道""据德""依仁""游于艺"：语出《论语·述而》：志于道，据于德，依于仁，游于艺。（立志于道，据守于德，依立于仁，优游于艺。）

② 象数：易学术语。在《周易》中"象"指卦象、爻象，即卦爻所象之事物及其时位关系；"数"指阴阳数、爻数，是占筮求卦的基础。此处泛指事物的表象和操作技术等。

③ 昔孔子学琴于师襄……此文王之操也：事见《孔子家语·辨乐》。师襄，春秋时鲁国的乐官，擅击磬，也称击磬襄。孔子曾向他学习弹琴。

④ 诵其诗……可乎：语出《孟子·万章下》："以友天下之善士为未足，又尚论古之人。颂其诗，读其书，不知其人，可乎？"（和当今之世的贤才交往还觉得不够，又进而求取古代的贤才。吟诵他们传下来的诗，阅读他们的书，如果不知道他们的为人，能行吗？）

⑤ 器数：器物和象数。

| 实践要点 |

关于事业，今人讲效率，讲成功，亦讲团队，讲管理，而古人多讲做人、修身，讲志趣、心法，两者的差别殊甚。

今人流行之学，多为商务、工作目标以创造财富，如马云的成功学、德鲁克的管理学、谷歌团队管理法和华为运营理念等等，虽然偶有涉及心理或个人，比如柯维的《高效能人士的七个习惯》，也未把个人放置在考察的中心位置。而在《训儿俗说》中，则把事业的基础归结为个人的身心修为，把提升自身的道德修为作为最大的事业，因此个人修为既是人生的起点，也是终点。而在作为人生真传的文字中，了凡先生仅把修业排列到第五的位置，可见修业并不是他优先考虑的内容，而且注重的不是生存技艺，而是生活理念，对自我的探知和完成。这一点在我们的学习和实践中应特别予以注意。

本章开宗明义"进德修业，原非两事"，即言明修为与事业之间的关系，而所罗列的十个要点（无欲、静、信、专、勤、恒、日新、逼真、精、悟），多为心念、心法。因此可知其将对心体道德的认识与追求作为修业的核心内容，与其说是"以业为业"，修业为业，倒不妨说是"以修为业"，业在修中，把两者深入地融合在一起。而我们结合了凡先生的人生阅历和生活现状，可以窥见其成事立功之心法，也可以见其安身立命之心迹。

在《了凡四训》的"立命之学"一篇中，了凡先生记述了自己格心改命的经历。了凡早年相信命数，云谷禅师开导他"命由我作，福自己求"，又进一步引用六祖慧能大师的话说，"一切福田，不离方寸，从心而觅，感无不通"，让他不仅要从自身做起求取人生幸福，而且自身要从内心做起。了凡受教后，痛改前过，坚持为善，终于突破了命数，不仅科举成功，而且育有一子，并且活到了74岁，做到了进官、得子、长寿，用心改命，终于以自己不懈的努力打破了算命先生的宿命预言。然而，当袁了凡也像他所景仰的王阳明一样，力求在其参与的明军赴朝鲜对日本军队作战过程中立下战功，却因他人的猜忌而无法施展抱负，仕途也戛然而止，他不得不归守田园，著书立说。其诸多文字，皆出于其归园田居之时。

也许是这种人生的大起大落，事功的可遇不可求，使他更深刻地体验到道德和心灵的根本作用，并以此作为教导儿子的重要课程——人生事业可求亦不可求，可求者，修为；不可求者，所谓"成功"。惟有将自身的道德圆满作为追求的目标，也许才是真实的目标，而滚滚红尘中的功名利禄，着实不过是梦幻泡影，渺不可寻。因此，他诉诸于文字，流传给亲子的"事业观"，恰是"命由我作，福自己求"的"唯心主义"。对他而言，一切功业不过是自我的呈现，与其说是实现了"功业"，不如说是完成了自己。

综上，希望读者能够深刻体会本章内涵，于实践中落实三点：

一、认识清楚人生的终极任务，不过是自我的实现，不以外在的事功为目标，而应以自我的道德修为为旨归。事功不过是个人修为的途径和副产品，可遇而不可求，惟有把握好内心，以自我实现为核心目标，才能获得自身的幸福。此为认识之根。

二、要保持心灵的超然和自由，以之应对纷扰的现实生活。一般而言，现实生活使心灵易受纷扰，能够"出淤泥而不染，濯清涟而不妖"，着实不易。然而现实也往往是心灵的映射，只有守住内心的宁静，以超然的心态来面世，也才能于尘世安然自得，实现自我。本章修业十要，辐辏归一，以此为根。此为行动之法。

三、勇猛精进，虚心改过。米开朗基罗说其雕塑大卫的完成，不过是"去掉多余的部分"，孟子教导我们"不失其赤子之心"（《孟子·离娄下》），因此人生之实现，亦是自我改过之过程。要如了凡先生在《了凡四训》之"改过篇"中所言，发三心（耻心、畏心、勇心）以改过，如是，日常修业则有大动力，亦可有真进步。此为日行之要。

崇礼第六

礼仪三百，威仪三千①，皆是儒家实事。儒教久衰，礼仪尽废，程伯子②见释徒③会食④井井有法，叹曰："三代威仪，尽在于此。"⑤吾晚年得汝，爱养慈惜，不以规绳相督。今汝当成人之日，宜以礼自闲⑥。礼之大者，如冠婚丧祭之属，有《仪礼》⑦一书及先儒修辑《家礼》⑧等书，可斟酌行之。且以日用要节画为数条，切宜谨守：一曰视，二曰听，三曰行，四曰立，五曰坐，六曰卧，七曰言，八曰笑，九曰洒扫，十曰应对，十一曰揖拜，十二曰授受，十三曰饮食，十四曰涕唾，十五曰登厕。

| 今译 |

根本性的条目性礼仪有很多，那些具体的细致的礼仪就更多了，这都是儒家实际发生过的事情。儒教慢慢衰微，它的礼仪也都荒废殆尽。程伯子见僧侣在一起吃饭井井有条，于是感慨说："上古三代的威仪，都在这里了啊。"我到了老年

才有了你，慈爱有加，不用规矩和打骂来矫正你。现在你到了成人的年龄，要用礼法来自我约束。礼节当中比较重要的，比如成人礼、婚礼、丧礼和祭礼等等，有《仪礼》和先儒朱熹编纂的《家礼》等书籍，可供你参考。现在我把常用礼节总结为以下数条，你一定要谨慎严格地遵守：一是视，二是听，三是行，四是立，五是坐，六是卧，七是言说，八是笑，九是洒扫家务，十是谈话应对，十一是揖拜之礼，十二是给予和接受之礼，十三是饮食，十四是擤涕唾痰，十五是上厕所。

简注

① 礼仪三百，威仪三千：语出《礼记·中庸》，意思是"礼"的总纲有三百条之多，细目有三千多条。形容礼仪的项目很多，内容非常全面和细致。威仪指古代祭享等典礼中的动作仪节及待人接物的礼仪。另，《礼器》中也有"经礼三百，曲礼三千"的说法，据《朱子语类》的解释，"经礼三百"指根本的大的礼节，"曲礼三千"是指具体的细小的礼节。三百和三千都是极言其多，而非确数。

② 程伯子：指程颢，字伯淳，学者称其"明道先生"。北宋大儒，理学的奠基者，"洛学"代表人物。

③ 释徒：释迦牟尼之徒，即僧侣。

④ 会食：聚餐，一起进食。

⑤ 三代威仪，尽在于此：事见宋吴曾《能改斋漫录·记事一》："明道先生尝至天宁寺，方饭，见趋进揖逊之盛。叹曰：'三代威仪，尽在是矣。'"（理学家

程颢先生曾到天宁寺，遇见寺里吃饭，看到里面每个人在行进揖让都非常注意礼节，因此感叹道："夏、商、周三代的礼仪，都在这里了。"）

⑥ 自闲：自我约束、防范。

⑦《仪礼》：中国最早的关于礼的文献，本名《礼》，又称《士礼》，与《周礼》《礼记》并称"三礼"。

⑧《家礼》：指《朱子家礼》，宋代理学家朱熹所著。全书分五卷，分别为通礼、冠礼、婚礼、丧礼和祭礼，从祠堂、丧服、土葬、忌日、入殓等仪式体现孝道主张。

孔子教颜回"四勿"①，以视为先。孟子见人，先观眸子②。故视不可忽。邪视者奸，故视不可邪；直视者愚，故视不可直；高视者傲，故视不可高；下视者深，故视不可下。《礼经》③教人，尊者则视其带，卑者则视其胸，皆有定式。遇女色，不得辄视④。见人私书⑤，不得窥视。凡一应非礼之事，皆不可辄视。

| 今译 |

孔子教导颜回"四勿"，首先就是"视"。孟子观察一个人，首先要看他的眼睛。所以视的礼节很重要。斜眼看的人一定奸猾，所以目光不能斜视；眼光直直地看的人愚笨，所以眼睛不能直视；向上翻白眼的人显得高傲，所以不能翻白眼；眼睛向下看的人往往深藏不露，所以也不能总是向下看。《礼经》教导我们，面对尊长者的时候，看他的衣带，面对卑下者的时候，看他的胸口，这些都有一定的范式。遇见女性，不要直勾勾地看。看到私人的书信，不能随意翻阅。凡是遇到那些不合礼法的事情，都不应该毫不避讳地去看。

| 简注 |

①"四勿"：出自《论语·颜渊》。颜渊向孔子请教礼的具体条目，孔子回答说："非礼勿视，非礼勿听，非礼勿言，非礼勿动。"（凡属非礼的便不看，凡属非礼的便不听，凡属非礼的便不说，凡属非礼的便不行。）

② 孟子见人，先观眸子：《孟子·离娄上》："存乎人者，莫良于眸子，眸子不能掩其恶。胸中正，则眸子瞭焉；胸中不正，则眸子眊焉。听其言也，观其眸子，人焉廋哉？"（能够反映一个人的内心世界，没有比眼睛更直接的了，因为眼睛不能掩藏内心的险恶。如果内心正直，这个人的眼睛就明亮；如果不正直，这个人的眼睛就昏暗无光。听一个人说话，再看他的眼神，他哪里能够隐藏自己呢？）

③《礼经》：一般指《仪礼》，也可能是泛指。《礼记·曲礼下》："天子视，不上于袷，不下于带；国君绥视；大夫衡视；士视五步。凡视，上于面则敖，下于带则忧，倾则奸。"（看天子，视线上不高于交叠的衣领，下不低于腰带；看国君，视线稍低于脸部以下；看大夫，可以平视脸部；看士，视线可以看到五步之内。

凡是看人，视线高于对方脸部就显得傲慢，低于对方腰带就显得心不在焉，视线旁顾就显得奸邪。）

④ 辄视：毫不避讳地直视。辄，音 zhé，就，直接。

⑤ 私书：隐秘不公开的书信。

凡听人说话，宜详其意，不可草率。《语》①云"听思聪"②。如听先生讲书，或论道理，各从人浅深而得之。浅者得其粗，深者得其精，安可不思聪哉？今人听说话，有彼说未终而辄申③己见者，此粗率之极也。听不可倾头侧耳，亦不可覆壁倚门。凡二三人共语，不可窃听是非。

今译

凡是听别人讲话，应该仔细听明白人家的意图，而不能草率粗略。《论语·季氏》上说"听思聪"。如果是听老师讲课，或是谈论道理，每个人所得到的深浅各不相同。领会浅显的人，只是得到了一个大概的印象，而领会深刻的人，就会得到内在的精要，所以说怎么能够不听明白呢？现在有人听别人说话，别人还没有说完就马上打断并发表自己的看法，这是非常粗率的行为。听别人说话不能伸头侧目，也不能靠墙倚门。如果两三个人一起说话，不应当偷听别人的错事纠纷。

①《语》：指《论语》。

② 听思聪：出自《论语·季氏》："孔子曰：'君子有九思：视思明，听思聪，色思温，貌思恭，言思忠，事思敬，疑思问，忿思难，见得思义。'"（孔子说："君子有九种思虑：看的时候要想想看清楚了没有，听的时候要想想听明白了没有，侍人的脸色要想想是否温和，对人的态度要想想是否恭敬，说话要想想是否忠诚，做事要想想是否认真，有了疑问要想想怎样向人请教，遇事发怒时要想想后果，有利可得时要想想是否正当。"）

③ 申：表达，表明。

凡行，须要端详次第。举足行路，步步与心相应，不可太急，亦不可太缓。不得猖狂驰行，不得两手摇摆而行，不得跳跃而行，不得蹈门阈①，不得共人挨肩行，不得口中啮②食行，不得前后左右顾影而行，不得与醉人狂人前后互随行。当防迅车驰马，取次③而行。若遇老者、病者、瞽者④、负重者、乘骑者，即避道傍，让路而行。若遇亲戚长者，即避立下肩，或先意行礼。

/

　　凡是走路，须要认真考虑前后左右的次序。抬脚走路，每一步都要与内心相照应，不能太急促，也不能过于缓慢。不要疾步奔走，不要两手摇摆地走路，不要边走边跳，不要踩门槛，不要和别人紧挨着走路，不要吃着东西走路，不要左顾右盼心不在焉，不要在喝醉的人或癫狂的人前后走路。要回避快速的车子和奔驰的马匹，按照次序来走。如果遇到老人、病人、盲人、搬运重物的人、骑马的人，就马上避让到路边。如果遇到亲戚中的长辈，要马上避让，在路旁垂肩而立，或先行施礼。

| 简注 |

/

① 蹈门阈：蹈，踩。门阈：门槛。

② 啮：音 niè，咬。

③ 次：依照顺序，次第。

④ 瞽者：眼睛失明的人。瞽音 gǔ。

　　　凡立次须要端正。古人谓"立如斋"①，欲前后襜如②，左右斩如③，无倾侧也。不得当门中立，不得共人牵手当道立，不得以手叉腰立，不得侧倚④而立。

凡坐欲恭而直，欲如奠石⑤，欲如槁木⑥，古人谓"坐如尸"⑦是也。不得攲坐⑧，不得箕坐⑨，不得跷足坐，不得摇膝，不得交胫⑩，不得动身。

凡是站立，一定要端正。古人说"立如斋"（站立就要像斋戒时那样恭敬地肃立），前后衣襟要整齐，左右像被刀切过一样，没有任何倾斜。不要在门口当中站着，不要和人一起手拉手挡在路上，不要叉腰站立，也不要靠墙侧立。

凡是坐下，就要保持恭敬的态度，直身而坐，就要像奠基石一样端正庄重，像枯木那样纹丝不动，这就是古人所谓的"坐如尸"（就要像受祭的尸那样庄重地端坐）。不要斜着身子坐，不要两腿张开像一面簸箕那样坐着，不要翘起二郎腿坐着，不要摇晃腿膝，不要小腿交叠，也不要移动身体。

① 立如斋：语出《礼记·曲礼上》："若夫坐如尸，立如齐"。（如果坐着，就要像受祭的尸那样庄重地端坐；站着，就要像斋戒时那样恭敬地肃立。）齐，通"斋"。尸，古代祭祀时代替神鬼受祭的人。

② 襜如: 整齐的样子。襜音 chān。

③ 斩如: 平齐。

④ 侧倚: 侧靠。

⑤ 奠石: 奠基石。

⑥ 槁木: 干枯的木头。

⑦ 坐如尸: 见"立如斋"。

⑧ 攲坐: 斜着坐。攲音 qī，倾斜。

⑨ 箕坐: 犹箕踞，两腿张开坐着，形如簸箕。

⑩ 交胫: 胫，小腿。交胫，交叠小腿。

　　凡卧，未闭目，先净心，扫除群念，惺然①而息，则夜梦恬愉②，不致暗中放逸。须封唇以固其气，须调息以潜其神。不得常舒两足卧，不得仰面卧，所谓"寝不尸"③也。亦不得覆身卧。古人多右胁④着席，曲膝而卧。

|　今译　|

　　凡是躺卧，没有闭上眼睛之前，要先净化心灵，扫除各种念头，内心明静而安然休息，那么睡觉就会恬然愉快，不会在暗中流失精气。要闭上嘴唇以稳固心

气，要调节气息以沉静心神。不要像挺尸那样伸着两条腿，仰面而卧，这就是所谓的"寝不尸"。也不要趴着睡。古人一般都是躬身右侧而睡。

| 简注 |

① 惺然：不动感官而内心明静的状态。

② 恬愉：快乐。

③ 寝不尸：语出《论语·乡党》："寝不尸，居不客。"（睡觉不像死尸一样挺着，平日家居也不像作客或接待客人时那样庄重严肃。）

④ 右胁：右肋。

宋儒①有云："凡高声说一句话，便是罪过。"凡人言语，要常如在父母之侧，下气柔声。又须任缘而发，虚己而应，当言则言，当默则默。言必存诚，所谓"谨而信"②也。当开心见诚，不得含糊，令人不解。不得恶口，不得两舌，不得妄语，不得绮语。③切须戒之。

| 今译 |

宋儒谢良佐先生说："凡是大声说一句话，就是罪过。"凡是一个人说话，就

要像在父母身边那样，放平气息、声音柔和。又要根据具体情况，虚心应答，当说则说，不当说则止。说话一定要诚恳，就是《论语》里所说的"谨而信"。说话一定要以坦诚相见，不能含糊其辞，让人不知所云。不能说粗口谩骂，不能搬弄是非，不能妄言无忌，不能花言巧语。这些都是切切要戒除的。

| 简注 |

/

① 宋儒：指北宋儒者谢良佐（1050—1103），字显道，蔡州上蔡人，人称上蔡先生。师从程颢、程颐。

② 谨而信：语出《论语·学而》："子曰：'弟子入则孝，出则弟，谨而信，泛爱众而亲仁，行有余力，则以学文。'"（孔子说："年幼的子弟在家孝顺父母，出门敬爱师长，谨慎而守信，泛爱众人而亲近仁者。做到这些还有余力，就用来学习技艺。"）

③ 恶口、两舌、妄语、绮语：佛教中指语言的四种恶业。第一是妄语。《正法念处经》："若人妄语说，口中有毒蛇。"所以说话都要真实、诚恳。第二是离间语，即两舌，指在人与人之间传播是非、制造矛盾。《正法念处经》："何人两舌说，善人所不赞。"第三是恶口，就是粗言粗语和骂人的话。《正法念处经》："若人恶口说，彼人舌如毒。"第四是绮语，即花言巧语，或说轻浮无礼不正经的话。《阿毗昙心论经》："不善语、无益语、非法语，是名绮语。"另据《中阿含经》："绮语，彼非时说，不真实说，无义说，非法说，不止息说；又复称叹不止息事，违背于时而不善教，亦不善诃。"指说话不切时机，当说不说，当止不止。

一颦^①一笑，皆当慎重。不得大声狂笑，不得无缘冷笑，不得掀喉露齿。凡呵欠大笑，必以手掩其口。

　　洒扫原是弟子之职，有十事须知：一者先卷门帘，如有圣像^②，先下厨幔；二者洒水要均，不得厚薄；三者不得污溅四壁；四者不得足蹈湿土；五者运帚要轻；六者扫地当顺行；七者扫令遍净；八者扱时当以箕口自向^③；九者不得存聚，当分择弃除；十者净拭几案。

　　一皱眉一微笑，都要慎重。不要大声狂笑，不要无故冷笑，不要张大喉咙漏出牙齿。凡是打呵欠或张嘴大笑，一定要用手遮掩嘴巴。

　　洒扫庭院本就是后生晚辈应该承担的家务，有十个注意事项：一是要卷起门帘，如果家中有孔圣人的画像，就要先用帷幔遮住；二是洒水要均匀，不能过多或者过少；三是不能弄脏墙壁；四是脚不要踩到湿土上；五是使用扫帚要轻快；六是扫地要顺着地面的纹理；七是要清扫周遍干净；八是收取垃圾的时候簸箕口要对着自己；九是不要积存太多东西，应当择取丢弃；十是擦干净几案。

① 颦：音 pín，皱眉。

② 圣像：指孔子的画像。

③ 扱时当以箕口自向：出自《礼记·曲礼》："凡为长者粪之礼，必加帚于箕上，以袂拘而退，其尘不及长者，以箕自乡而扱之。"（给尊长扫地，先把扫帚放在簸箕之上。扫的时候要举起衣袖遮挡灰尘。边扫边退，不要让扬起的灰尘污及尊长。簸箕口要朝向自己将垃圾扫进去。）扱，音 xī，收取。乡，通"向"。

应对之节，要心平气和，不得闻呼不应，不得高呼低应，不得惊呼怪应，不得违情怒应，不得隔屋咤声呼应。凡拜见尊长，问及来历，或正问，或泛问，或相试，当识知问意，或宜应，或不宜应。昔王述素有痴名，王导辟之为掾。①一见，但问江东米价，述张目不答。导语人曰："王郎不痴。"②此不宜答而不答也。或问及先辈，切不可辄称名号。如马永卿③见司马温公④，问："刘某安否？"马应云："刘学士安。"⑤温公极喜之，谓："后生不称前辈表德⑥，最为得体。"此等处，皆应对之所当知者也。

应对别人的礼节，要心平气和，不能听到喊你的声音却不回应，不能别人呼喊的声音大你回应的声音却很小，不能用古怪的腔调回应，不能因为不情愿而愤怒地回应，不能隔着墙壁大吼着回应。凡是拜见尊长，当他们问你的来历，有的是直接问，有的只是泛泛地问，有的则是有意考察你的反应，所以要知道他们所问的意图，有的适合直接回答，有的则要适度回避。当年王述平时有愚痴的名声，王导召他为副官。一见面，王导就问王述江东大米的价格，王述只是瞪大了眼睛却不回答。王导告诉别人说："王述并不愚痴。"这就是不适合回答就不回答。如果有人问到先辈，切切不可随便称呼他们的名号。就像马永卿拜见司马温公的时候，温公问他："刘某人是否安好？"马永卿回答说："刘学士安好。"司马温公非常高兴，说："后生晚辈不直称前辈的名字，这样说话是非常得体的。"这些地方，都是应对时所应当知道的。

① 昔王述素有痴名，王导辟之为掾：事见《晋书·王述传》。王导（276—339），字茂弘，琅玡临沂（今山东省临沂市）人，出身于魏晋名门"琅邪王氏"，在晋成帝朝任丞相，是东晋政权的奠基人之一。他褒尚清谈，推崇玄学，但以儒家纲常名教为修身治国之本。王述（303—368），字怀祖，太原晋阳（今山西太原市）人，东晋官员，东海太守王承之子。王述年少丧父，承袭父爵蓝田侯。以

孝侍奉母亲，安贫守约，不求闻名显达，故三十岁仍未知名，更有人说他痴愚。后司徒王导以其门第缘故任用他为中兵属。

② 王郎不痴：王导征召王述，当时只是为了显示自己作为国相对宗亲王姓之人的照顾，而并无真正重用的意思。而王述当时是被任命为军官，王导却问他农业方面的事，显然是一种试探。王述明了他的意图，故而不作应答。王导从这个一问一默的过程中了解了王述的为人，所以说"王郎不痴"。

③ 马永卿：两宋之间的著名学者，北宋大观三年（1109）进士，高邮人。任永城主簿时，恰好刘安世寓居永城，马永卿前往求教，因著有《元城语录》三卷、《嬾真子》五卷，多述刘安世言辞。

④ 司马温公：司马光（1019—1086），字君实，号迂叟，陕州夏县（今山西夏县）人，世称涑水先生。历仕仁宗、英宗、神宗、哲宗四朝，官至尚书左仆射兼门下侍郎。卒赠太师、温国公，谥文正。主持编纂了中国历史上第一部编年体通史《资治通鉴》。

⑤ 事见马永卿《元城语录》。刘某、刘学士指刘安世（1048—1125），字器之，号元城、读《易》老人，魏县人，北宋后期大臣。曾师从司马光。其人忠孝正直，立身行事均效法司马光。

⑥ 表德：北齐颜之推《颜氏家训·风操》："古者，名以正体，字以表德。"后因以"表德"指人之表字或别号。司马光是师长，所以称刘安世直呼其名（此处写作"刘某"，是为避讳），并以此来考察马永卿。马永卿回答"刘学士安"，遵守礼节避开尊长名讳，故司马光称赞他"得体"。

凡揖拜须先两足并齐，两手相叉当心^①，然后相让而揖。不可太深，不可太浅。揖则不得回头相顾。拜则先屈左足，次屈右足。起则先右足，以两手枕于膝上而起。古礼有九拜^②之仪，今不悉也。凡遇长者，不得自己在高处向下作礼。见长者用食未辍^③，不得作礼。如长者传命特免，不得强为作礼。如遇逼窄^④之地，长者不便回礼，须从容取便作礼。

凡是揖拜，行礼的时候首先要两足并齐，两手于胸前交叉，然后作揖礼让。作揖时身体不能下弯太深，也不能太浅。既然作揖，就不可扭头旁顾。跪拜就要先跪左膝，然后是右膝。起身则是要右脚先站，用两手扶在膝盖上起来。古代有九拜的礼仪，现在人们都已经不熟悉了。凡是遇到长辈，不能让自己居高临下地行礼。如果是长辈还在饮食，不能马上行礼。如果长辈要求免于行礼，也不要勉强。如果在非常狭小的空间，长辈不方便回礼，那么也要就地从简行礼。

| 简注 |

① 当心：护在胸前。

② 九拜：中国古代特有的向对方表示崇高敬意的跪拜礼，按照不同身份、不同等级，在不同场合所使用，具体指稽首、顿首、空首、振动、吉拜、凶拜、奇拜、褒拜、肃拜等九种形式。《周礼》对此有详细记录。

③ 辍：停止。

④ 逼窄：狭窄。

凡授物与人，向背有体。如授刀剑，则以刃自向。授笔墨，则以执处向人。《曲礼》①中"献鸟者佛其首②，献车马者执策绥③，献甲者执胄，献杖者执末，献民虏者操右袂，献粟④执右美⑤，献米者操量鼓⑥，献孰食者操酱齐⑦，献田宅者操书致⑧。凡遗⑨人弓者，张弓尚筋，弛弓尚角，⑩右手执箫⑪，左手承弣⑫，尊卑垂悦⑬。若主人拜，则客还辟辟拜。主人自受，由客之左接下承弣，乡⑭与客并，然后受。进剑者左首⑮。进戈者前其鐏⑯，后其刃。进矛戟者，前其镦⑰。进几杖⑱者，拂之。效⑲马效羊者，右牵⑳之。效犬者，左牵之。执禽者左首㉑，饰羔雁者以缋㉒。受珠玉者以掬，受弓剑者以袂，饮玉爵者弗挥。凡以弓剑苞苴㉓、箪笥㉔、问人㉕者，操以受命，如使之容。"此段可记也。受人之物，最宜慎重，执虚如执盈，执轻如执重，不可忽也。

凡是拿东西给别人，都要注意物体的面向。如果给人刀剑，一定要让锋刃对着自己。如果给人笔墨，一定要把好拿的部分对着别人。《礼记·曲礼》中说："献野鸟的时候应把鸟首罩住（以防野鸟凶猛而攻击人），献车马这样的大物件的时候，（不要直接把车马引进庙堂）只拿着马鞭、拉手这样的物件来表示进献就可以了；献铠甲的时候要拿着头盔给对方就可以了；献手杖要手拿手杖末段交给对方；献俘虏的时要抓住俘虏的右衣袖；献谷子的时候不要直接拿着谷子而是手持契券的右侧；献稻米的时候只拿着量米的器具来表示就可以了；献熟食的时候只拿着酱料以表示就可以了；献田地、房屋的时候只要献上田契房契就可以了。凡是赠送给人弓，弓是挂了弦的，就以弦向着对方。没有挂弦就以弓背向着对方。右手执末稍处，左手托中间把手处。不论尊卑，授受时都要相互行礼，使佩巾着地。如果主人行拜受礼，客就要后退以避让。主人亲自接受所赠的弓，要由客人的左边，挨着客人的手的位置接下，与客人并排而立，然后接受。进献剑器时，要使剑柄向左。进献戈的时候，要把戈柄末段对着对方，而使它的锋刃在后面。进献矛和戟的时候，也是如此。进献坐几和手杖，一定要当面擦拭（以示礼敬）。赠送马羊的时候，要用右手牵着（这样才牢靠）。赠送犬的时候，要用左手牵着（右手做好防护的准备，以防不测）。手持禽鸟晋见的时候，要把禽鸟拿在左边。赠送羊或雁，要覆盖绘有云气图案的布饰。接受别人赠送珠玉的时候，要用两手捧住（防其掉落）。接受长者赠送弓、剑的时候，不露手来拿，而是捧起衣襟托住（以示尊敬）。使用玉酒杯的时候，不要随意挥动（以免脱手摔碎）。

以剑弓、鱼肉、饭食等为礼赠送别人的时候，先要拿着这些东西接受主人的吩咐，神态要像奉命出使一样庄重。"这段话应该记背下来。接受别人的东西的时候，一定要慎重，拿着空的东西就像是满满的，拿着轻的东西就像是重的，不能轻忽草率。

| 简注 |

①《曲礼》：《礼记》的第一部分，分为上下两篇。曲，细微；曲礼，具体细小的礼仪规范。下文录自《礼记·曲礼上》，与原文略有出入。

② 佛其首：佛，通"拂"，扭转。佛其首，扭转鸟头以防伤人。一说，用小竹笼将鸟头罩住。

③ 策绥：策，马鞭。绥音 suí，登车拉手的绳索。

④ 粟：谷子。

⑤ 右美：《礼记》原文作"右契"，契券的右侧，以示尊重。

⑥ 量鼓：古量器名。孔颖达疏："量是知斗斛之数，鼓是量器名也…… 东海乐浪人呼容十二斛者为鼓以量米，故云量鼓。"

⑦ 酱齐：指酱类食品和酱醋拌的小菜。齐，通"齑"（齑），音 jī，捣碎的菜或肉。孔颖达疏："酱齐为食之主，执主来则食可知，若见芥酱，必知献鱼脍之属也。"

⑧ 书致：一种契约凭证文书，标注有田宅大小数据。

⑨ 遗：音 wèi，赠与，赠送。

⑩ 张弓尚筋，弛弓尚角：张弓，绷紧了弦的弓。弛弓，松了弦的弓。"尚"通"上"。筋，弓弦。角，弓背，弓把。

⑪ 箫：弓的一头。

⑫ 弣：音 fǔ，弓中部把手处。

⑬ 尊卑垂帨：授受双方如果尊卑地位匹敌，就要互相鞠躬，使佩戴的丝巾垂到地面上。帨音 shuì，佩巾。

⑭ 乡：通"向"。

⑮ 进剑者左首：首，剑柄上的环。进献时剑柄末端的环指向左方，以便受赠者右手方便持握剑柄。

⑯ 鐏：音 zūn，戈柄下端的圆锥形金属套。

⑰ 镦：音 duì，矛戟柄下端的平底金属套。

⑱ 几杖：坐几和手杖，皆老者所用，古常用为敬老者之物，后亦用以借指老人。

⑲ 效：献出。

⑳ 右牵：孔颖达疏："马羊多力，人右手亦有力，故用右手牵挈之也。"后以"右牵"指进献马、羊之礼。

㉑ 执禽者左首：执禽即"禽贽"之礼。贽音 zhì，本意是指初次求见人时所送的礼物，引申义是持物以求见，赠送。古代"禽贽"之礼为"若卿执羔，大夫执雁，士执雉，庶人执鹜，工商执鸡"。

㉒ 缋，音 huì，画。

㉓ 苞苴：音 bāo jū，指包装鱼肉等用的草袋，也指馈赠的礼物。

㉔ 箪笥: 音 dān sì，是指竹或苇制的圆形和方形容器，箪为圆形，盛饭食用，笥为方形，装衣物用。

㉕ 问人: 问同"遗"（音 wèi），赠与。

> 如沐时以巾授①尊长，亦有五事须知：一者须当抖擞②之；二者当两手托巾两头；三者不得太近太远，相离二尺许；四者冬则两手展巾，近炉烘暖；五者尊长用毕，仍置常处。其余诸类，皆当据此推之。

| 今译 |

如果在尊长沐浴的时候呈递浴巾给他们，也要有五个方面要注意：一是要先抖动一下；二是要用双手托住浴巾的两头；三是不能太近或者太远，距离二尺左右；四是在冬天的时候，就要先用双手展开浴巾，靠近炉火烘暖再给；五是尊长用完浴巾之后，要放回原位。其他各类事务，都可以据此类推。

| 简注 |

① 授: 给，呈递。

② 抖擞: 都懂。擞，音 sǒu，振作。

饮食乃日用之需，不可拣择美恶、肥浓、甘脆[1]，或至伐胃。箪瓢[2]蔬食，可以怡神，须当存节食之意。不得仰面食，不得曲身食。与人同食，不可自拣精者。客未食，不敢先食。食毕，不敢后。不得急喉食，不得颊食，不得遗粒狼藉，不得怒食，不得缩鼻食[3]，不得嚼食有声，不得向人语话。将口就食失之贪，将食就口失之倨[4]，皆宜戒之。食毕漱口，不得大向[5]，令人动念。

饮食是日常所需，不能挑肥拣瘦，偏好美味，以致损伤肠胃。简单饮食，却可以怡养心神，所以要心存节食的意识。不要躺着仰面向上饮食，不要弯曲身体饮食。和别人一起饮食，不能专拣好的吃。客人没有开始吃，不要先吃。也不要在客人吃完了之后，自己还在吃。不要急于吞咽，不要满口食物，不要散落饭粒一片狼藉，不要一边生气一边吃东西，不要面露不屑地吃东西，不要发出咀嚼东西的声音，不要边吃边说话。伸出嘴去吃食物，就会被认为是贪心；把食物拿到嘴边吃，就显得十分傲慢。这些都应该戒除。吃完漱口，声音不能太大，以免让人心烦。

① 美恶、肥浓、甘脆：美恶，偏指美味。肥浓，肥美的肉食和浓郁的酒。甘脆，指味甜、松脆可口的食物。

② 箪瓢：即"一箪食，一瓢饮"，形容极其简单的生活。出自《论语·雍也》："子曰：'贤哉回也！一箪食，一瓢饮，在陋巷，人不堪其忧，回也不改其乐。贤哉回也！'"（孔子说："颜回多么有修养呀，一篓饭，一瓢水，住在简陋的巷子里，别人都不堪承受那种窘困之忧，颜回却不改变他自有的快乐。颜回是多么有修养呀！"）

③ 缩鼻：嗤视、厌恶的样子。

④ 倨：倨傲，傲慢不逊。

⑤ 大向：太响。大通"太"，向通"响"。

涕唾①理不可忍，亦不可数②，但不得已，必酌其宜。不得对客涕唾，不得于正厅涕唾，不得向人家静室③内涕唾，不得于房壁上涕唾，不得当道净地上涕唾，不得于生花草上涕唾，不得于溪泉流水涕唾，当于隐僻处方便④行之，勿触人目。

擤涕吐痰是生理的自然反应，不能强忍着，也不能太多次，只是不得已时才为之，所以要考虑怎么做才合适。不能对着客人擤涕吐痰，不能在客厅擤涕吐痰，不能对着别人家斋戒用的静室擤涕吐痰，不能对着墙壁擤涕吐痰，不能在干净的道路上擤涕吐痰，不能在活着的花草上擤涕吐痰，不能在溪泉流水里擤涕吐痰，应该在隐蔽便宜的地方进行，不要被人看见。

| 简注 |

① 涕唾：鼻涕和唾液。此处用作动词。

② 数：音 shuò，屡次，多次。

③ 静室：古代家中用于斋戒的房间。

④ 方便：随机乘便。

登厕亦有十事：一者，当行即行，不得急迫，左右顾视；二者，厕上有人，当少待，不得故作声迫促之；三者，当高举衣而入；四者，入厕当微咳一声；五者，厕上不得共人语笑；六者，不可涕唾于厕中；七者，不得于地上壁上划字；八者，不得频低头返视；九者，不得遗秽于厕椽①上；十者，毕当濯手②，方持物。

去厕所也有十个注意事项：一是需要时就去，不要急急忙忙，或者左顾右盼；二是厕所里有人的时候，就要稍微耐心等待，不能故作声响来催促人家；三是要把衣襟拉起来进去（以免弄脏）；四是进入厕所的时候要轻声咳嗽一下（以示有人进入）；五是不要在厕所里与人言语玩笑；六是不能在厕所里擤涕吐痰；七是不能在厕所的地面或墙壁上乱写乱画；八是不要频频低头回看排泄物；九是不能弄脏厕所的房椽；十是便后洗手才拿东西。

| 简注 |

/

① 椽：音 chuán，用以支持屋顶面板和瓦的条木。
② 濯手：濯音 zhuó，洗。

以上数条，特其大概。汝真有志，三千之仪，皆可据此推广。智及仁守，大本已正。然必临之以庄，动之以礼，方为尽善。① 故礼虽至卑，崇之可以发育万物，峻极于天，② 勿视为末节而忽之也。

| 今译 |

以上数条礼节，只是个大概。你如果真的用心于此，三千条礼仪，都可以根据这些来推论。懂得了道理，又能以仁德来保持它，根本就已经确立了，然而还需要用严肃的态度来对待，所言所行无不依照礼节，这样才算是尽善尽美了。这些礼节虽然低微琐碎，只要不断地扩充发扬它，就可以到达发育万物、上极于天道的地位，所以不要认为这是礼的细枝末节而忽视它。

| 简注 |

① 智及仁守……方为尽善：语出《论语·卫灵公》："子曰：'知及之，仁不能守之，虽得之，必失之。知及之，仁能守之，不庄以莅之，则民不敬。知及之，仁能守之，庄以莅之，动之不以礼，未善也。'"（孔子说："一个在上位者，他的智慧足以知道此道了，若其心之仁不足以守，则虽知得了，必然还会失去。知得了，其心之仁也足以守之不失了，但不能庄敬以临莅其民，则其民仍将慢其上而不敬。知得了，其心之仁又足以守，又能庄敬以临其民，但鼓动兴作，运使其民时，若不合乎礼，仍是未善。"）

② 发育万物，峻极于天：出自《礼记·中庸》："大哉圣人之道！洋洋乎发育万物，峻极于天。"（伟大啊圣人之道！广大美好以化育万物，这种道德真的是可以与天比高了。）

今人谈礼，多失其古义，要么鄙薄其繁琐形式，要么只注重公共商务礼仪，皆未能从根源上理解礼之要义。故笔者不揣鄙陋，简略总结礼之要义如下，共有四点：

一、古礼演化，展示民族文化的基因密码和发展线索，掌握之，则能体悟中国文化之要义。

古者祭礼为重，而祭礼本为祭祀神灵，而后转变为祭祀鬼神、上天。孔子曰"祭如在，祭神如神在"（《论语·八佾》），即是谓此。"鬼"为逝去之祖先，"神"则是指日月、山川等的自然神灵，在鬼神之上，还有"天"。

"祭如在"显然是敬鬼神……但"如在"却又不是鬼神本身之自在，而是献祭者的主体状态，所以它与自在的鬼神拉开了距离，是对鬼神本身的"远之"。换句话说，"祭如在"反映出的是儒家的精神人文主义，是既根植于古代宗教又超出了古代宗教；既与"洋洋乎如在其上，如在其左右"的鬼神之德相接，又能够与鬼神本身保持距离，不倚赖于鬼神，从自身中开发出精神性的生活方式。……一方面，人与鬼神的外在关系变成了人本身与他的精神状态的内在关系，于是人人可以成为鬼神之德的主体；另一方面，通过将原先主要指祭礼的礼拓展到日常生活的各个方面去，于是事事可以是礼的实践。（倪培民《儒学的精神性人文主义之模式：如在主义》，载于《南国学术》2016 年第 3 期）

周朝取代商朝，在礼制上进行了巨大的变革，即从敬畏和祭祀各种自然神灵，改为敬畏和祭祀上天和祖先，而相应的礼的内在精神的巨大转变，则是如上所述的"人的在场"，而非"非人"的在场。我们常常所谓中华民族文化传统之精神核心"天人合一"，即是从此等意义上转化而建立的。天人合一，则是人的主体精神的张扬，而礼是"天人合一"精神的具体实践。明了这一点，就会知道礼的传统与我们中华民族文化的深切相关性。所谓"百姓日用而不知"（《周易·系辞》），即说明礼对于民众日常教化的重要功用。我们生在"礼仪之邦"，如果能够对"礼"之内涵有所理解，且保持一些内心的敬畏之情，则会相应地赋予我们以文化的自信和精神的力量。

二、礼具有文化传承和心理塑型作用，有助于民生安定与社会和谐。

子曰："道之以政，齐之以刑，民免而无耻；道之以德，齐之以礼，有耻且格。"（《论语·为政》）

夫子说："用政法来引导他们，使用刑罚来整顿他们，人民只是暂时地免于罪过，却没有廉耻之心。如果用道德来引导他们，使用礼教来整顿他们，人民不但有廉耻之心，而且人心归服。"司马迁将其简化为："夫礼禁未然之前，法施已然之后。"（《史记·太史公自序》）这说明礼在社会中不仅起到文化传承的作用，而且这种传承对民众有很好的教化作用，形成一种预防机制，对于社会和谐具有重要意义。

三、日常之礼具有自我规约的实践价值和文化意义。

《礼记·玉藻》中有一段文字特别值得推荐：

> 古之君子必佩玉，右徵角，左宫羽，趋以《采齐》，行以《肆夏》，周还中规，折还中矩，进则揖之，远则扬之，然后镳鸣也。故君子在车，则闻鸾和之声，行则鸣佩玉，是以非辟之心无自入也。

君子出入、进退、俯仰之间，身上的佩玉只有在不快不慢、节奏匀称的步伐下，才会发出韵律和谐、悦耳动听的声音，随时都给人以警醒和启示，这样邪僻的念头就无从进入君子的心中。原来，我们文化传统中崇尚佩戴玉器，所谓"君子无故，玉不去身"，其真正涵义是用玉来提醒我们保持良好的操守和仪态，不仅具有审美意义，而且更具有道德规约作用。这或许是现代商业所不能理解的，但是，如果习学了古礼的精神内涵后，我们却可以很好地践履其文化意义。

四、礼是传情达意、自我实现的合理方式和有效途径。

《诗经·大雅·抑》中记述了一段劝勉依礼言行的事例：

> 辟尔为德，俾臧俾嘉。淑慎尔止，不愆于仪。不僭不贼，鲜不为则。投我以桃，报之以李。彼童而角，实虹小子。

"修明德行养情操，使它高尚更美好。举止谨慎行为美，仪容端正有礼貌。不犯过错不害人，很少不被人仿效。人家送我一篮桃，我把李子来相报。胡说秃羊头生角，实是乱你周王朝。"（程俊英译，摘自上海古籍出版社《诗经译注》）作者劝谏年轻的周王，投桃报李，依礼而动，禁止轻狂，在符合礼仪的范围内举动言语。因此礼又是君臣、父子、夫妻等伦理关系中合理传递情感的通道。

孔子告诫颜回"四勿"（非礼勿视，非礼勿听，非礼勿言，非礼勿动），似乎把礼绝对化了，不能越雷池一步，然而这是对于低层次人格境界者而言，而如果能够达到较高的修为层次，则会把礼当作修身成人的路径，有助于梳理内心的情感和欲望，因此会更加自觉遵守礼的规约，从而使精神层次和人格修养自然上升到一个更高的层次。因此"四勿"不是约束，而恰恰是自我实现的有效途径。

基于以上四点总结，我们来看本章内容，其深得《礼记》《仪礼》诸书之精髓，而披沙拣金，化繁为简，既便于掌握又准确地呈现了古礼的精神。它们本就为具体可行的日常规范，具有非常强的实践价值。当然，今人不必泥于古礼，亦不必像律师记诵法律条文一样，把这里列具的每一点都记下来，而应体会其出发点，理解并掌握其要义精髓，深刻认识礼的价值与功用，充分尊重并认真学习古人智慧。一是要领会其精神要旨，不轻易否定古礼之质；二是在现实中躬身力行，以尊人自尊，助人自助；三是要融会贯通，活学活用，不至僵化，而能够崇文兴礼，振兴文明，以文化担当来自我加持。

如是，则礼仪大兴，人得而为人，物则得而成物，性命各有所安，传统文化体系之意义得以呈现。人在礼中，亦可如鱼得水，欣飨安宁与幸福。

报本第七

　　伊川先生①云："豺獭皆知报本②，士大夫乃忽此，厚于奉养而薄于先祖，奚可哉？"③甘泉先生④曰："祭，继养⑤也。祖父母亡而子孙继养不逮，故为春秋忌祭以继其养。然祖考⑥之神，尤有甚于祖考之存时。故七日戒、三日斋，方望其来格⑦。不然，虽丰牲不享也。"⑧观二先生之言如此，祭其可忽哉？古礼久不行，今自我复之。每遇祭，前十日，即迁坐静所，不饮酒茹荤，为散斋⑨七日。又夙夜丕显⑩，不言不笑，专精聚神，为致斋⑪三日。有客至门，仆辈以诚告之。族人愿行此者，相与共为此追远⑫之诚，亦养德之要。吾儿务遵行之，传之世世，勿视为迂也。祭之日，尤须竭诚尽慎，事事如礼，勿盱视，忽怠荒⑬。我在宝坻⑭，每祭必尽诚，祷无不验。天人相与之际⑮，亦微矣哉！

伊川先生说："像豺獭这样的小动物都知道祭祀以报答生命的本源，而士大夫却忽视这一点，只注重奉养家人，而在祭祀祖先方面做得很不够，这怎么可以呢？"湛若水先生说："祭，就是继亲之志，养亲之体。祖父母去世而子孙们无法继续孝养，所以在春秋之际通过祭祀来继承他们的遗志，完成对他们的孝养。对待祖辈的神灵，甚至要比他们活着的时候还要钦敬。所以在祭祀之前要严格地进行七日之戒和三日之斋，这样才有望他们神灵的到来。不然的话，即便有丰厚的牺牲祭品，也不会来享用的。"两位先生的话都是如此，所以怎么可以轻视祭祀呢？古代的礼仪已经很久没有实行了，现在从我辈开始恢复。每到祭祀，十天前就开始到僻静的房间打坐，不喝酒吃荤，进行七天的散斋。接着日夜修养德业，不言谈玩笑，聚精会神，正式斋戒三天。如果有客人登门，仆从们都以实情相告。如果族人中有愿意如此祭祀的，那么就一起来体验慎终追远的至诚之心，这也是修养道德的关键。我的孩子一定要照此遵守执行，并世世代代传递下去，不要把这当做迂腐的事情。祭祀之日，尤其需要竭尽真诚和谨慎之事，每一件事都要依礼而行，不能张目直视对方，也不要表现出懒懒散散的样子。我在宝坻任职的时候，每次祭祀都是竭尽真诚，所祈祷的愿望没有不实现的。天人感应之事，真是微妙难言啊！

| 简注 |

① 伊川先生：北宋大儒程颐（1033—1107），字正叔，河南府伊川县（今嵩

县田湖镇程村）人，故世称"伊川先生"。与其兄程颢同学于周敦颐，共创"洛学"，为理学奠定了基础，世称"二程"。

② 豺獭皆知报本：豺祭和獭（音 tǎ）祭。豺在深秋时杀兽以备冬粮，陈于四周，有似人之陈物而祭，故称。《吕氏春秋·季秋》："菊有黄华，豺则祭兽戮禽。"高诱注："（豺）于是月杀兽，四围陈之，世所谓祭兽。"獭祭，又叫作獭祭鱼。《礼记·月令》："东风解冻，蛰虫始振，鱼上冰，獭祭鱼。"獭是一种两栖动物，经常将所捕到的鱼排列在岸上，在古人看来，这情形很像是陈列祭祀的供品。所以就称之为獭祭鱼或獭祭。宋代诗人林同《禽兽昆虫之孝十首·豺獭》："曾闻豺祭兽，还见獭陈鱼。人苟不知祭，能如豺獭乎。"

③ 豺獭皆知报本……奚可哉：引自《二程遗书·伊川先生语四》。原文作："且如豺獭皆知报本，今士大夫家多忽此，厚于奉养而薄于祖先，甚不可也。"

④ 甘泉先生：明代儒者湛若水（1466～1560），字元明，号甘泉，增城（今广州市增城区）人。

⑤ 继养：继亲之志，养亲之体，谓尽孝道。班固《白虎通·爵》："《王制》曰：葬从死者，祭从生者，所以追孝继养也。"（葬礼要顺从死者的意愿，祭祀要顺应生者的便利，这样才利于慎终追远，孝亲继养。）

⑥ 祖考：祖辈。

⑦ 来格：来临，到来。

⑧ 祭，继养也……虽丰牲不享也：见于《甘泉湛氏家训·明祭礼章第十六》："古人谓祭，继养也。盖祖父母、父母已逝而子孙之养不逮，故为春秋忌祭以继其养。然祖考之神不可亵，尤有甚于祖考之存时，而子孙孝敬之心，尤宜切于祖

考之存时，故七日戒、三日斋，乃见其所为。斋者，起孝起敬，如此方望祖考来格，不然则虽有丰牲之祭，神不飨矣。"此处较原文俭省。

⑨ 散斋：周制，凡行祭祀礼前，王亲戒百官及族人，散斋七日，即七日内不御、不乐、不吊。

⑩ 夙夜丕显：早晚都思考如何光大自己的德业，形容勤劳辛苦。夙（音 sù）夜，早晚，朝夕。《诗经·召南·采蘩》："被之僮僮，夙夜在公。"丕，音 pī，大。显，显扬，光大。《尚书·太甲》："先王昧爽丕显，坐以待旦。"

⑪ 致斋：行斋戒之礼。

⑫ 追远：出自《论语·学而》："曾子曰：'慎终追远，民德归厚矣。'"（曾子说："谨慎送终，追念祖德，民众的德行就归于淳厚了。"）

⑬ 勿盱视，忽怠荒：盱（音 xū）视，张目直视。怠荒，懒惰放荡。《礼记·曲礼上》："毋侧听，毋噭应，毋淫视，毋怠荒。"孔颖达疏："毋淫视者，淫谓流移也。目当直瞻视，不得流动邪眄也。"郑玄注："怠荒，放散身体也。"孔颖达疏："谓身体放纵，不自拘敛也。"

⑭ 我在宝坻：宝坻（音 dǐ），今天津市宝坻区。袁了凡在宝坻做过县令。

⑮ 天人相与之际：即中国传统文化的"天人合一""天人感应"之说。汉武帝元光元年（前 134 年），董仲舒在《举贤良对策》中系统地表述了"天人感应"学说，认为，"道之大原出于天"，"观天人相与之际，甚可畏也。国家将有失道之败，而天乃先出灾害以谴告之；不知自省，又出怪异以警惧之；尚不知变，而伤败乃至。以此见天心之仁爱人君而欲止其乱也"，自然、人事都受制于天命，因此应该做到天人和谐。

每岁春秋二祭，皆用仲月①，卜日行事。祭之日，夙兴②，具衣冠③，谒祠④祝⑤过，遂以次奉神主⑥于正寝⑦。其仪一遵朱子《家礼》⑧。始祖南向，二昭西向，二穆东向，每世一席。附位列于后，食品半之。上昭穆⑨相向，不正相对。下昭穆各稍后，两向，亦不正对。易世但以上下为尊卑，不以尊卑为昭穆。俗节各就家庙行之。时物虽微必献，未献，子孙不得先尝。

| 今译 |

／

每年春秋两次祭祀，都是每季的第二个月，即农历的二月和八月，占卜择定日子举行。祭祀当日，早早起来，将衣冠穿戴整齐，到宗祠告神祈福后，于是按照次序将先辈的牌位摆放在正屋。这个仪式全部遵照朱子《家礼》。始祖的牌位面向正南摆放，二世祖、四世祖牌位面向西摆放，三世祖、五世祖牌位面向东摆放，每世一席。其余附加的位置列在后面，祭品减半。居上的昭穆牌位相向摆放，但不能完全正对着。居下的昭穆牌位要稍微向后摆放，也是向着两个方向，不能完全相对。不同的世代的牌位，只以上下为尊卑，不以尊卑为昭穆。一般的节日各自在家庙举行就可以了。应时的新鲜食物虽然微不足道，也必须先献祭，在献祭之前，子孙不能先行品尝。

① 仲月：每个季度的第二个月。

② 夙兴：早起。

③ 具衣冠：将衣冠穿戴整齐。

④ 谒祠：谒音 yè，到，拜见。到宗祠参拜。

⑤ 祝：祷告，向鬼神求福。

⑥ 神主：古时为已死的君主诸侯做的牌位，用木或石制成。后世民间也立神主以祭祀死者，用木制成，当中写死者名讳，旁题主祀者的姓名。

⑦ 正寝：指房屋的正厅或正屋。

⑧ 其仪一遵朱子《家礼》：参见朱熹《家礼》卷五"祭礼"。

⑨ 昭穆：指一种区分亲疏贵贱的宗庙制度。庙制规定，天子立七庙，诸侯立五庙，大夫立三庙，士立一庙，庶人无庙。延伸到民间，祠堂神主牌的摆放次序也就是昭穆制度，如：始祖居中，左昭右穆。父居左为昭，子居右为穆。一世为昭，二世为穆；三世为昭，四世为穆；五世为昭，六世为穆。单数世为昭，双数世为穆；先世为昭，后世为穆；长为昭，幼为穆；嫡为昭，庶为穆。

| 实践要点 |

"祭者，所以追养继孝也。"（《礼记·祭统》），本章所谓的"报本"，表现为对祭祀的重视，实际是一种孝行的表现，因而也可以将"报本"延展到其他的尽孝

的行为。

"国之大事，在祀与戎"（《左传·成公十三年》），"礼有五经，莫重于祭"（《礼记·祭统》），在中国古代，祭礼无疑是诸礼之中最为重要的一种。天子祭天，百姓祭祖，所谓"敬天法祖"的祭礼，其根本目的在于"报本反始"。因而，祭祀的作用和意义，大致有三：其一是身份认同（即"报本反始"），通过一定的礼仪形式来追根溯源，慎终追远，在向先祖致敬的同时，也对自身的身份进行确认，从而对个人的责任和使命有更深层次的认同和驱动；其二是祈福禳灾，通过祈告上天和先祖来获取庇佑，并禳除灾祸；其三是传承教化，通过祭祀礼仪中诚敬的态度和严谨的形式，来感召和激励族人，从而起到传承和教化的作用。

祭祀的实质是与先祖在精神层面的沟通，因而诚敬是贯穿祭礼的主线，不徒具形式而又非常注重细节。本章所述内容较为简略，但仍以俭省的文字展现了祭祀的实质。同时，我们也可以看到，古代的礼仪制度虽然十分繁复，但于当前已经大量流失，其主要原因或正在于礼仪形式应因时而变，因势而变。因此在实践过程中，应辩证地看待残存的礼仪形式，而又能切实地掌握祭祀的内核，具体做到以下几点：

一、祭祀是一个完整的过程，其前期的准备也同样重要。本章所依古礼进行的"七日戒""三日斋"，实际上正是古人为祭祀所作的准备，在此预备过程中，要对日常世俗的生活行为和环境进行隔离，而逐渐进入一种诚敬的状态，实则是完整的祭祀礼仪中的一个重要组成部分，不可或缺，因而应该足够重视。

二、祭祀主敬，致祭时，要至敬至爱，全身心投入，才能感格祖先神明，正所谓"致爱则存，致悫则著"。《礼记·祭义》云：

祭之日，入室，僾然必有见乎其位；周还出户，肃然必有闻乎其容声；出户而听，忾然必有闻乎其叹息之声。是故先王之孝也，色不忘乎目，声不绝乎耳，心志嗜欲不忘乎心。致爱则存，致悫则著。著存不忘乎心，夫安得不敬乎？

到了祭祀那天，进入庙堂就仿佛看到了去世的亲人在神位上；祭祀结束转身出门，肃然起敬地听到了亲人的动静；出门倾听，又哀愁地听到了亲人的叹息之声。所以先王对先祖的孝就是，先祖的容貌总在眼前不会忘记，先祖的声音总在耳边不会断绝，先祖的志愿喜好也会铭记在心。因为至爱而心怀他们的音容笑貌，因为至诚而感到他们如在眼前。存于心而见于前，念念不忘，这哪里还有不尊敬的呢？

只有全身心地投入，"忾闻"而"僾见"，才算是达到祭祀的目的，亦即再现与先祖的精神联系，并使自身从中受到感召和激励。

三、遵从必要的礼节形式，以承载礼的核心内涵。礼仪形式是礼制依存的基础，尽管我们已经无从理解其具体内涵，或者与当前生活严重脱节，但是仍然要有所保留，并予以遵从。《论语·八佾》记录了这样一个故事：

子贡欲去告朔之饩羊。子曰："赐也！尔爱其羊，我爱其礼。"

古时候，天子在十二月份颁布来年的历书给诸侯，诸侯接受历书后，将其珍藏于祖庙。每月初一，都要用杀一只活羊来祭告祖庙，请示上天并按照历书行事。鲁国自从鲁文公开始就不举行告朔之礼，但是专事祭祀的官员还是按照惯例进献活羊，所以子贡认为这种礼节徒具形式而建议免除。孔子就告诉他：告朔之礼虽然遭到了废弃，但是进行活羊祭献的形式尚且存在。这个形式存在，而根据它来进行求证，仍然可以有希望恢复古礼；但如果连这只羊也不要了，那么告朔之礼就彻底消亡，再也看不见了，而其代表的敬天祭祖的精神也可能会归于湮灭。

因此，一定的礼仪形式对于礼仪的核心意义具有载体的作用，尽管不能完全理解，也应当以一种诚敬的心理予以适度地保留。

四、化用日常，行切身之孝。孝是切身实行的行为，并不依赖于外物，其最终指向是生者自身，而自身也是孝行的一部分，报本的"硬指标"。《礼记·祭义》云："父母全而生之，子全而归之，可谓孝矣。不亏其体，不辱其身，可谓全矣。"《孝经·开宗明义》云："身体发肤，受之父母，不敢毁伤，孝之始也。立身行道，扬名于后世，以显父母，孝之终也。"人的身体四肢、毛发皮肤，都是来自父母，不敢有所损伤，保全身体以归还父母，才能称得上孝道，才是孝的开始。修养自身，推行道义，有所建树，显扬名声于后世，以彰显父母的养育之恩，这是孝的归宿。

治家第八

　　治家之事，道德为先。道德无端①，起于日用。一日作之，日日继之，毋怠惰而常新焉，如是而已。吾为汝试言其概。如行一事，必思于道无妨，于德无损，即行之。如出一言，必思于道无妨，于德无损，即出之。拟之而后言，议之而后动，②凡一视一听、一出一入③，皆不可苟。又要处处圆融，尘尘方便。凡遇拂逆，当闭门思过，反躬自责，则闺门④之内，不威而肃矣。古人谓齐家以修身为本⑤，岂虚哉？

| 今译 |

/

　　治理家庭这件事，要以道德为首要。道德无始无尽，源于日常生活。一天依从道德，要天天坚持，不要懒惰而应天天有所进步，只是如此而已。我试着给你说个大概。你每做一件事，都要想想是否对道德有所损伤，如果没有，就去做。你每说一句话，都要想想是否对道德有所损伤，如果没有，就去说。要考虑好了再说，想清楚了再做，凡是耳闻目见、言谈举止，都不可马虎草率。同时又要注意处处破除偏执，圆满融通，随机行事。凡遇到不顺心的事，就要闭门思过，自我反省，那么家门之内，不用发威就可以使人肃敬了。古人说治家以修身为本，岂是一句空话？

｜ 简注 ｜

① 道德无端：出自《管子·幼官》："始乎无端，卒乎无穷；始乎无端，道也，卒乎无穷，德也。"

② 拟之而后言，议之而后动：语出《易·系辞上》："言天下之至赜而不可恶也。言天下之至动而不可乱也。拟之而后言，议之而后动，拟议以成其变化。"

③ 一出一入：出入，出门和进门，代指日常言谈举止。

④ 阃门：古代称内室的门。也指家门、城门。

⑤ 齐家以修身为本：《礼记·大学》云"欲齐其家者，先修其身"，又云"自天子以至于庶人，壹是皆以修身为本"。

修身要矣，御人①急焉。群仆中择一老成忠厚者管家，推心②任之，厚廪③养之。其余诸仆，亦不可使无事而食，量才器使，人有专业，田园仓库、舟车器用各有所司，立定规矩，时为省试，因其勤惰而赏罚之，则事省而功倍矣。至顽至蠢，婢仆之常，须反复晓谕④，不可过求。纵有不善，亦宜以隐恶扬善之道⑤宽厚处之，一念伤慈，甚非大体。我性不喜责人，故家庭之内，鞭朴⑥常弛，僮仆多懒。汝宜稍加振作。

| 今译 |

修身当然重要，管理仆人也是急务。你可从众多的仆人中挑选一位老实稳重、忠诚厚道的人当管家，以诚心对待他，信任他，给他以丰厚的薪酬。其余仆人，也不可让他们无所事事，要量才使用，按照每个人的特长划定职责范围，使田园仓库、舟车器各方面都有负责的人，立定规矩，经常检查，根据他们的勤惰情况而施行赏罚，这样就可以收到事半功倍的效果。十分顽固或者愚蠢，这在婢仆也是常有的事，要反复耐心地开导他们，不可苛求。即使他们有不对的地方，也应当以隐恶扬善之道宽厚处置，如果有一念不慈之心，就会违背我们做人的根本。我秉性不喜欢责罚他人，因此家里鞭打之类的体罚荒废已久，导致僮仆们习于懒惰。你要适当使用体罚，使他们振作起来。

| 简注 |

① 御人：管理仆人。

② 推心：以诚相待。

③ 厚廪：厚，丰厚。廪，本义指米仓，也代指粮食或者粮饷、薪水。厚廪即丰厚的薪酬。

④ 晓谕：明白地告诉，告知。

⑤ 隐恶扬善之道：传说大舜能够隐恶扬善，并以此为治政之道。《礼记·中庸》：子曰："舜其大知也与！舜好问而好察迩言，隐恶而扬善，执其两端，用其中于民，其斯以为舜乎！"（夫子说："舜帝真是有大智慧的人啊！他爱好学习求教并善于审察身边人的话语，能够包涵并隐忍别人的缺点而宣扬他们的长处，能够把握事情的好坏轻重，而选择适度的政策来引导民众，这正是他之所以成为他的原因啊！"）

⑥ 鞭朴：亦作"鞭扑"。用作刑具的鞭子和棍棒，亦指用鞭子或棍棒抽打的刑罚。

齐家之道，非刑即礼。刑与礼，其功不同。用刑则积惨刻①，用礼则积和厚②，一也。刑惩于已然之后，礼禁于未然之先③，二也。刑之所制者浅，礼之所服者深，三也。汝能动遵礼法，以身率物④，斯为上策。不得已而用刑，亦须深存恻隐之心⑤，明告其过，使之知改。切不可轻口骂詈⑥，亦不可使气怒人。虽遇鸡犬无知之物，亦等以慈心视之，勿用杖赶逐，勿抛砖击打，勿当客叱斥⑦。我家戒杀已久，此最美事，汝宜遵之。

治理家庭的方法，不外乎刑罚或者礼教。二者的功用有所不同。其一，用体罚就会积累凶狠刻毒的念头，用礼教就会积累融洽深厚的情谊。其二，刑罚用于过失已经形成之后，礼仪禁忌则防患于未然之先。其三，刑罚的作用流于表面，而礼教却令人口服心服。你如果能一举一动都遵守礼法，以身作则，这就是高明的选择。如果不得已而动用刑罚，内心也要怀有同情悲悯之心，明白告诉别人他的过失在哪里，让他知道如何改过。切不可随便骂人，更不可意气用事，随便对人发怒。即使遇到鸡狗等低级的生灵，也应当以慈悲心来看待，不要用棍棒驱赶，不要扔砖头去击打它们，也不要在客人的面前大声叱骂它们。我家戒除杀戮的行为已经很久了，这是非常好的事，你要遵行之。

| 简注 |

① 惨刻：凶狠刻毒。

② 和厚：融洽深厚。

③ 刑惩于已然之后，礼禁于未然之先：化用自《史记·太史公自序》："夫礼禁未然之前，法施已然之后；法之所为用者易见，而礼之所为禁者难知。"

④ 以身率物：以身作则。率物：做众人的榜样。

⑤ 恻隐之心：见到遭受灾祸或不幸的人产生同情之心。恻，悲伤；隐，伤痛。

⑥ 詈骂：亦称"詈（音lì）骂"，用恶语侮辱人。

⑦ 叱斥：喝斥，责骂。

人各有身，身各有家。佛氏出家之说，亦方便法门①也。家何尝累人，人自累耳。世人认定身家，私心太重，求望无穷，不特贫者有衣食之累，虽富者亦终日营营②，不得清闲自在，可惜也。须将此身此家放在天地间平等看去，不作私计，无为过求，贫则蔬食菜羹可以共饱，富则车马轻裘可以共敝③。近日陆氏义仓④之设，其法甚善，当仿而行之。田租所入，除食用外，凡有所余，不拘多寡，悉推之以应乡人之急。请行谊老成者主其事。陆氏不许子孙侵用，我则不然。家无私蓄，外以济农，内以自济，原无彼我。凡有所需，即取而用之，但不得过用亏本。仍禀主计者，应用悉凭裁夺，不得擅自私支。

▎ 今译 ▎

人各有自己的身体，身体各自有自己的家。佛教关于出家的说法，其实只是诱导其领悟佛教真义的方法。其实家何曾拖累人，只是人自己给自己增加负担罢了。世人纠缠于身和家，私心太重，奢求和欲望没有穷尽，这样的话，不但穷人被衣食日用所拖累，即便富人也成天追名逐利，不得清闲自在，太可惜了。我们应将这个身这个家放在天地间平等来看，不只是从自己的角度来考虑，不要过分索取，贫穷的时候则粗食菜饭可以分给其他穷人，富裕的时候则车马轻裘可以共同享用。近日陆家设立义仓赈灾，这种办法很好，我们家应当仿效建立——收缴的田租，除了自己食用外，凡有所剩余，不问多还是少，都全部纳入义仓来助人所困，救人之急。可以聘请一位年高有德行者主持这件事。陆家义仓不准许子孙们侵夺使用，我却不主张这样。我们家里设有另外为自己存储粮食，义仓既可以对外来济助其他农人，也可以对内用于济度自己，本就不分彼此。只要是有需要的人，尽管来拿了去用好了，只是不能透支使用，以致于损耗了元气。这些都向主管的人报告，完全听凭主管决定如何使用，不准擅自支取私用。

| 简注 |

① 方便法门：方便，是指善巧、权宜，是一种能随时设教、随机应变的智慧。法门，宗教用语，原指修行者入道的门径，今泛指修德、治学或作事的途径。

② 营营：追求奔逐。

③ 车马轻裘可以共敝：《论语·公冶长》："子路曰：愿车马衣轻裘，与朋友共，敝之而无憾。"（子路说：我愿把车马、皮衣与朋友共同享用，用坏了也不介意。）

④ 义仓：古代为备荒而设置的粮仓。

阅读了凡文字，须进得去，出得来，不仅要知其所然，也要知其所以然，更要因之而知道自己所应然。经历如上三个层次，既得求知之法，又得实践之要，知行合一，学问乃成。

我们先看其所然。

本章较为简短，仅有四段，然亦层次井然，逻辑严密，寄意嘱托，颇多兴味。一段是谈治家之本在修身，治家亦即修身，点明以德治家主题；二段谈修身御人之术，以家仆为例，与其说御人管人，不如说宽之恕之，也是修身以齐家之道；三段谈刑礼齐家之术，先礼后兵，恩威并施，然应心存恻隐，戒杀惜生；四段谈由私入公，积德行善，施舍家财，周济乡邻。

齐家的根本在修身，修身以善待他人，治家应重礼慎刑，克己厚人，然齐家更应济世，广结善缘。壹是归于修身，而境界逐次开朗，居然大同，可谓涵故纳新，以小文贯通修齐治平之旨，颇值揣摩和体味。

再看其所以然。

本章虽然仍属于传统家训之范畴，属于"一家"之言，然而也连接了整个传统文化资源，又兼了凡个人思想意识，因而有两个理解要点，提示如下：

其一，对刑礼观念的借用。古人刑礼观念，始于《诗经》，但刑礼之辨却源于孔子：

> 刑于寡妻，至于兄弟，以御于家邦。（《诗经·大雅·思齐》）

子曰：道之以政，齐之以刑，民免而无耻；道之以德，齐之以礼，有耻且格。（《论语·为政》）

"刑于寡妻"的"刑"，汉代郑玄《〈毛诗传〉笺》解释为礼法，此处作动词，指文王以礼法对待其妻。文王以礼相待正妻，对待兄弟也一样，并以此来治理家族邦国。此处提出来的"刑"却不是我们习以为常的"刑罚"之"刑"，而是指礼法。虽为同一个字，不同理解和阐释，可能导向完全相反的结果。

孔子对刑礼治政作用和效果的比对，可谓开启了刑礼论辩的一个传统。关于刑礼关系，古人多有论述，比如所谓"刑惩于已然之后，礼禁于未然之先"（《礼记·礼察》）"礼不下庶人，刑不上大夫。"（《礼记·曲礼》）等等，此不赘述。唐朝大诗人白居易将刑、礼、道并论，曲尽情理，十分透辟，兹录如下，以供参考：

夫刑者可以禁人之恶，不能防人之情；礼者可以防人之情，不能率人之性；道者可以率人之性，又不能禁人之恶。循环表里，迭相为用。故王者观理乱之深浅，顺刑礼之后先，当其惩恶抑淫，致人于劝惧，莫先于刑；划邪窒欲，致人于耻格，莫尚于礼。反和复朴，致人于敦厚，莫大于道。是以衰乱之代，则弛礼而张刑；平定之时，则省刑而宏礼；清净之日，则杀礼而任道。亦如祁寒之节，则疏水而附火；徂暑之候，则远火而狎水。顺岁候者，适水火之用，达时变者，得刑礼之宜，适其用，达其宜，则天下之理毕矣，王者之化成矣。（白居易《刑礼道》）

本文治家亦有刑礼之说。然孔子本意，实则为国家治理应推崇德治礼制，而轻政令刑罚，是大的治政纲领。了凡用以治家，杀鸡而用牛刀，似乎也同样适用，可见古代之家国一体同构的政治传统，治家也就成了治政的缩影。

其二，对传统家庭观念的超越。虽然其文之说辞无非修身齐家之旧训，但如果读者稍加留意，就会发现其中亦有新变：第四段援佛入儒，实则破解传统之家庭范畴，不执著于身家财物，而欲开放义仓赈济他人，与传统之家庭观念已有所不同。此亦了凡先生融通三教、合为一体之功，也可见其时代思潮之深刻影响。

最后看我们所应然。

了凡学而博闻强识，思而融会贯通，其学说影响遍布，育人无数。然其人其书去今已远，如果只是因循其说，恐怕很难与现实接轨。因此，需要真正深入理解并灵活转化，才可接入实践，学以致用。这要求我们一是要有深厚的文化根基，二是要细察其因缘转化，思想转化；三是要密切关注现实，把所学融入现实，并实现对现实的超越。

比如在本章中，了凡对家的认知。了凡对家庭的重新阐释，虽然比较简单、隐微，仍然体现了对传统家庭观念的超越。社会的发展深刻影响着家庭的观念，家庭因此也是社会发展的缩影。了凡自己的做法恰恰是我们可以效法的榜样，即掌握传统修身和齐家的精神和原则，融入新的精神资源，面对时代变化和新的要求，做出适当的调整。

我们生活在一个日新月异、文化多元的时代，在这样的一个时代，如何来理解家庭，如何建构个人与家庭以及家庭成员之间的关系？走出家庭的个人应该是什么样子？虽然传统的力量还在，亲情与责任还在，但是手机问题、虚拟社交、公共伦理等问题已经非常突出，成为对所有人的逼问，是时代交给每一个人的课题，我们不得不谨慎对待。

怎么来解决？我们应当回到第一步，认真审视自身和这个时代，并从文化传统中获取足够的智慧和资源。兹谨引述钱穆先生在其《国史大纲》的序言为说：

一、当信任何一国之国民，尤其是自称知识在水平线以上之国民，对其本国以往历史，应该略有所知。

二、所谓对其本国已往历史略有所知者，尤必附随一种对其本国已往历史之温情与敬意。

三、所谓对其本国已往历史有一种温情与敬意者，至少不会对本国已往历史抱一种偏激的虚无主义，即视本国已往历史为无一点有价值，亦无一处足以使彼满意。亦至少不会感到现在我们是站在已往历史最高之顶点。而将我们当身种种罪恶与弱点，一切诿卸于古人。

四、当信每一个国家必待其国民备具上列诸条件者比数渐多，其国家乃再有向前发展之希望。

这也是面向古人文化著作的态度，也应该是我们每个人获取文化自信，增长生存智慧的必由之路。

了凡四训

[明] 袁了凡 著

林志鹏 校点

立命之学

余童年丧父，老母命弃举业而学医，谓可以养生，可以济人。且习一艺以成名，尔父夙心也。

后予在慈云寺遇一老者，修髯伟貌，飘飘若仙，予敬而礼之。语予曰："子仕路中人也，明年即进学矣，何不读书？"予告以故。曰："吾姓孔，云南人也，得邵子《皇极》正传，数该传汝，故万里相寻，有何处可栖止乎？"予引之归家，告母曰："此高士也，多奇方。"母曰："善待之。"试其数，纤悉皆验。予遂起读书之念，谋之表兄沈称，称言："郁海谷先生在沈友夫家开馆，我送汝寄学甚便。"予遂礼郁为师。

孔为予起数：县考童生，当十四名，府考七十一名，提学考第九名。明年赴考，三处名数皆合。复为卜终身休咎，言：某年考第几名，某年当补廪，某年当贡，贡后某年当选四川一大尹，在任二年半即宜告归。五十三岁八月十四日丑时，当终于正寝，惜无子。予备录而谨识之。

自此以后，凡遇考校，其名次先后，皆不出孔公所悬定者。独算予食廪米九十一石五斗当出贡，及食米七十余石，屠宗师即批准补贡，予窃疑之。后果为署印杨公所驳，直至丁卯年，殷秋溟宗师见予场中备卷，叹曰："五策，即五篇奏议也，岂可使博洽淹贯之儒老于窗下乎！"遂依县申文准贡。连前食米计之，适九十一石五斗也。予因此益信进退有命，迟速有时，淡然无求矣。

贡入燕都，留京一年，终日静坐，不阅文字。归游南雍，未入监，先访云谷会禅师于栖霞山中，对坐一室，凡三昼夜不瞑目。

云谷问曰："凡人所以不得作圣者，只为妄念相缠耳。汝坐三日，不见起一妄念。"予曰："吾为孔先生算定，荣辱死生，皆有定数，即要妄想，亦无可妄想。"云谷笑曰："我待汝为豪杰，原来只是凡夫。"予问其故。曰："人未能无心，终为阴阳所缚，安得无数？但惟凡人有数，极善之人，数固拘他不定；极恶之人，数亦拘他不定。汝二十年来被他算定，不曾转动一毫，岂不是凡夫？"

予问曰："然则数可逃乎？"曰："命自我作，福自己求。《诗》《书》所称，的为明训。我教典中说：'求功名得功名，求富贵得富贵，求男女得男女，求长寿得长寿。'夫妄语乃释家大戒，诸佛菩萨，岂诳语欺人？"

予进曰："孟子言：'求则得之，求在我者也。'道德仁义，可以力求，功名富贵，如何求得？"云谷曰："孟子之言不错，汝自错解了。汝不见六祖说：'一切福田，不离方寸；从心而觅，感无不通。'求在我，不独得道德仁义，亦得功名富贵，内外双得，是求有益于得者也。若不反躬内省，而徒向外驰求，则求之有道矣，得之有命矣，内外双失，故无益。"

因问："孔公算汝终身若何？"予以实告。后问曰："汝自揣应得科第否？应生子否？"予追省良久，曰："不应也。科第中人，类有福相，予福薄，又不能积功累行，以基厚福，兼不耐烦剧，不能容人，时或以才知盖人，直心直行，或轻信而妄谈，凡此皆薄福之相也，岂宜科第哉？地之秽者多生物，水之清者常无鱼，予好洁，宜无子者一；和气能育万物，予善怒，宜无子者二；爱为生生之本，忍为不育之根，予矜惜名节，常不能舍己救人，宜无子者三；多言耗气，宜无子者四；善饮能铄精，宜无子者五；好彻夜长坐，而不知葆元毓神，宜无子者六。其余过恶尚多，不能悉数。"

云谷曰："岂惟科第哉！世间享千金之产者，定是千金人物；享百金之产者，定是百金人物；应饿死者，定是饿死人物。天不过因材而笃，几曾加纤毫意思？即如生子，有百世之德者，定有百世子孙保之；有十世之德者，定有十世子孙保之；有三世二世之德者，定有三世二世子孙保之；其斩焉无后者，德至薄也。汝今既知非，将向来不登科第及不生子之相，尽情改刷，务要积德，务要包荒，务要和爱，务要惜精养神。从前种种，譬如昨日死；从后种种，譬如今日生。此义理再生之身也。夫血肉之身，尚然有数；义理之身，岂不能格天？《太甲》曰：'天作孽，犹可违；自作孽，不可逭。'《诗》云：'永言配命，自求多福。'孔先生算汝不登科第、不生子者，此天作之孽也，犹可得而违也。汝今充广德性，力行善事，多积阴德，此自己所作之福也，安得而不受享乎？《易》为君子谋，趋吉避凶。若言天命有常，吉何可趋，凶何可避？开章第一义，便说：'积善之家，必有余庆。'汝信得及否？"

予信其言，拜而受教。因将往日之罪，佛前尽情发露。为疏一通，先求登科，誓行善事三千条，以报天地祖宗之德。云谷出功过格示予，令所行之事，逐日札记，善则记数，恶则退除。且教持准提咒，以期必验。语予曰："符箓家有云：'不会书符，被鬼神笑。'此有秘传，只是不动念也。执笔书符，先把万缘放下，一尘不起。从此念头不动处下一点，谓之混沌开基。由此而一笔挥成，更无思虑，此符便灵。凡祈天立命，都要从无思无念处感格。孟子论立命之道，而先曰：'夭寿不贰。'夫夭与寿，至贰者也。当其不动念时，孰为夭，孰为寿？细分之，丰歉不贰，然后可立贫富之命；穷通不贰，然后可立贵贱之命；夭寿不贰，然后可立死生之命。人生世间，惟死生为重，曰夭寿，则一切顺逆皆该之矣。至修身以俟之，乃积德祈天之事。曰修，则身有过恶，皆当治而去之；曰俟，则一毫觊觎，一毫将迎，皆当斩绝矣。到此地位，纤尘不动，求即无求，不离有欲之中，直造先天之境，即此便是实学。汝未能无心，但持准提咒，无记无数，不令间断，持得纯熟，于持中不持，于不持中持。到得念头不动，则灵验矣。"

予初号"学海"，取百川学海而至于海之义也。是日改号"了凡"，盖悟立命之说，而欲不落凡夫窠臼也。从此而后，终日兢兢，便觉与前不同。前日只是悠悠放任，到此自有战兢惕厉景象，在暗室屋漏之中，常恐得罪天地鬼神，遇人憎我毁我，自能恬然容受。

明年刑部考科举，孔先生算该第三，忽考第一，其言不验，而秋闱中式矣。然行义未纯，检身多误，或见义而行之不勇，或救人而心常自疑，或身勉为善而口有过言，或醒时操持而醉后放逸，以过折功，日常虚度。自己巳岁发愿，直至己卯岁，历十余年，而三千善行始完。时方从李渐庵入关，未及回向。庚辰南还，始请性空、慧空诸上人，就东塔禅堂回向。遂起求子道场，亦许行三千善事，辛巳生男天启。

予行一事，随以笔记，汝母不能书，每行一事，辄用鹅毛管，印一朱圈于历日之上。或施食贫人，或买放鱼虾，一日有多至十余圈者。至癸未八月，三千之数已满，复请性空辈就家庭回向。九月十三日，起求中进士道场，许行善事一万条，丙戌登第，授宝坻知县。

予置空格一册，名曰"治心编"。晨起坐堂，家人携付门役，置案桌上，所行善恶，纤毫必记。夜则设桌于庭，效赵阅道焚香告帝。汝母见近行不多，辄颦蹙曰："我前在家，相助为善，故三千之数得完。今许一万，衙中无义可行，何时得圆满乎？"

夜间偶梦见一神人，予言善事难完之故。神曰："只减粮一节，万行俱完矣。"盖宝坻之田，每亩贰分叁厘柒毫，予为区处，减至壹分肆厘陆毫。委有此事，心颇疑惑。明日，适幻余禅师自五台来，予即以梦告之，且问此事宜信否。禅师曰："善心真切，即一行可当万善，况合邑减粮，万民受福乎？"吾即捐俸银，令其就五台山斋僧一万而回向之。

孔公算予五十三岁有厄，予未尝祈寿，是岁竟无恙，今六十九岁矣。书曰："天难谌，命靡常。"又云："惟命不于常。"皆非诳语。吾于是而知，凡称祸福无不自己求之者，乃圣贤之言，若谓祸福惟天所命，则世俗之论矣。

汝之命，未知若何。即命当荣显，常作落寞想；即命当顺利，常作拂逆想；即现颇足食，常作贫窭想；即人相爱敬，常作恐惧想；即家世望重，常作卑下想；即学问颇优，常作浅陋想。远思扬祖之德，近思盖父之愆，上思报国之恩，下思造家之福；外思济人之急，内思闲己之邪。务要日日知非，日日改过，凡一日不知非，即一日安于自是；一日无过可改，即一日无步可进。天下聪明俊秀不少，所以德不加修、业不加广者，只为"因循"二字，便耽搁一生。云谷禅师所授立命之说，乃至精至邃、至真至正之理，其熟玩而勉行之，毋自旷也。

改过之法

　　春秋诸大夫，见人言动，亿而谈其过祸，靡不验者，《左》《国》诸记可观也。大都吉凶之兆，萌乎心而动乎四体，其过于厚者常获福，过于薄者常近祸。俗眼多膜，容谓有未定而不可测者。至诚合天，福之将至，观其善而必先知之矣；祸之将至，观其不善而必先知之矣。春秋时去圣人未远，其言多中，宜也。

　　今欲获福而远祸，未论行善，先须改过。但改过者，第一要发耻心。思古之圣贤，与我同为丈夫，彼何以百世可师？我何以一身瓦裂？耽染尘情，私行不义，谓人不知，傲然无愧，将日沦于禽兽而不自知矣。世之可羞可愧者，莫大乎此。孟子曰："耻之于人大矣。"以其得之则圣贤，失之则禽兽耳。此改过之机关也。

　　第二要发畏心。天地在上，鬼神难欺，我虽过在隐微，而天地鬼神实鉴临之，重则降之百殃，轻则损其现福，我何可以不惧？不惟是也。闲居之地，指视昭然，我虽掩之甚密，文之甚巧，而肺肝毕露，终难自欺，被人觑破，不值一文矣，乌得不懔懔？不惟是也。一息尚存，弥天之恶，犹可悔改，古人有一生作恶，而临死悔悟，发一善念遂谓善终者，谓一念猛历，足以涤百年之恶也。譬如千年幽谷，一灯才照，则千年之暗俱除，故过不论久近，惟以改为贵。但尘世无常，肉身易殒，一息不属，欲改无由矣。明则千百年负此恶名，虽有孝子慈孙不能涤；幽则沉沦狱报，不胜其苦，乌得不畏？

　　第三要发勇心，人不改过，多是因循退缩，我须奋然振作，如毒蛇啮指，速与斩除，无丝毫凝滞，此风雷之所以为益也。

具是三心，则有过斯改，如春冰遇日，何患不消乎？然人之过，有从事上改者，有从理上改者，有从心上改者，工夫不同，效验亦异。如前日杀生，今戒不杀，前日怒詈，今戒不怒，此就其事而改之者也。强制于外，其难百倍，且病根终在，东灭西生，非究竟廓然之道也。

善改过者，未禁其事，先明其理。如过在杀生，即思曰，上帝好生，物皆恋命，杀彼养己，岂能自安？且彼之杀也，既受屠割，复入鼎镬，种种痛苦，彻入骨髓，己之养也，珍膏罗列，食过即空，疏食菜羹，尽可充腹，何必戕彼之生，损己之福哉？

又思血气之属，皆含灵知，既有灵知，皆我一体，纵不能躬修至德，声名洋溢，以使之尊我亲我，岂可日戕物命，以使之仇我恨我于无穷也？一思及此，将有对食伤心，不能下咽者矣。

如前日好怒，必思曰，人有不及，情所宜矜，悖理相干，于我何与？本无可怒者。又思天下无自是之豪杰，亦无尤人之学问，行有不得，皆己之德未修，感未至也，我悉以自反，则谤毁之来，皆磨炼玉成之地，我将欢然受赐，何怒之有？

又闻谤而不怒，虽谗焰薰天，如举火焚空，终将自息；闻谤而怒，虽巧心力辨，如春蚕作茧，自取缠绵。怒不惟无益，且有害也。其余种种过恶，皆当据理思之，此理既明，过将自止。

何谓从心而改？过有千端，惟心所造，我心不动，过安从生？学者于好色、好名、好货、好怒种种诸过，不必逐类寻求，但当一心为善，正念时时现前，邪念自然污染不上。如太阳当空，魑魅潜消，此精一之真传也。过由心造，亦由心改，如斩毒树，直断其根，奚必枝枝而伐，叶叶而摘哉？大抵最上者治心，当下清净，才动即觉，觉之即无；苟未能然，须明理以遣之；又未能然，须随事以禁之。以上士而兼行下功，未为失策，执下而昧上，则拙矣。

顾发愿改过，明须良朋提醒，幽须鬼神证明，一心忏悔，昼夜不懈，经一七、二七，以至一月、二月、三月，必有效验。或觉心神恬旷，或觉智慧顿开，或处冗沓而触念皆通，或遇怨仇而回嗔作喜，或梦吐黑物，或梦往圣先贤提携接引，或梦飞步太虚，或梦幢幡宝盖。种种胜事，皆过消罪灭之象也，然不得执此自高，画而不进。理无穷尽，改过岂有尽时？

昔蘧伯玉当二十岁时，已觉前日之非而尽改之矣；至二十一岁，乃知前之所改未尽也；及二十二岁，则回视二十一岁，犹在梦中。岁复一岁，递递改之，行年五十，而犹知四十九年之非，古人改过之学如此。我辈身为凡流，过恶猬积，而回思往事，常若不见其有过者，心粗而眼翳也。

然人之过恶深重者，亦有效验。或心神昏塞，转头即忘，或无事而常烦恼，或见君子而赧然消沮，或闻正论而不乐，或施惠而人反怨，或夜梦颠倒，甚则妄言失志：皆作业之相也。苟一类此，即须奋发，舍旧图新，幸勿自误。

积善之方

《易》曰："积善之家，必有余庆。"昔颜氏将以女妻叔梁纥，而历叙其祖宗积德之长，逆知其子孙必有兴者，岂漫说哉？孔子称舜之大孝，而曰"宗庙飨之，子孙保之"，论至精矣。试以往事征之。

杨少师荣，建宁人。世以济渡为生，久雨溪涨，横流冲毁民居，溺死者顺流而下，他舟皆捞取货物，独少师曾祖及祖，惟救人，而货物一无所取，乡人嗤其愚。逮少师父生，家渐裕，有神人化为道者，语之曰："汝祖父有阴功，子孙当贵显，宜葬某地。"遂依其所指而窆之，即今白兔坟也。后生少师，弱冠登第，位至三公，加曾祖、祖、父，如其官。子孙贵盛，至今尚多贤者。

鄞人杨自惩，初为县吏，存心仁厚，守法公平。时县宰严肃，偶挞一囚，血流满前，而怒犹未息，杨跪而宽解之。宰曰：怎奈此人越法悖理，不由人不怒。自惩叩首曰："'上失其道，民散久矣，如得其情，哀矜勿喜。'喜且不可，而况怒乎？"宰为之霁颜。

家甚贫，馈遗一无所取，遇囚人乏粮，常多方以济之。一日，有新囚数人待哺，家又缺米；给囚则家人无食，自顾则囚人堪悯；与其妇商之。妇曰："囚从何来？"曰："自杭而来。沿路忍饥，菜色可掬。"因撤己之米，煮粥以食囚。后生二子，长曰守陈，次曰守址，为南北吏部侍郎，长孙为刑部侍郎，次孙为四川廉宪，又俱为名臣；今楚亭、德政，亦其裔也。

昔正统间，邓茂七倡乱于福建，士民从贼者甚众。朝廷起鄞县张都宪楷南征，以计擒贼，后委布政司谢都事，搜杀东路贼党。谢求贼中党附册籍，凡不附贼者，密授以白布小旗，约兵至日，插旗门首，戒军兵无妄杀，全活万人。后谢之子迁，中状元，为宰辅；孙丕，复中探花。

莆田林氏，先世有老母好善，常作粉团施人，求取即与之，无倦色。一仙化为道人，每旦索食六七团。母日日与之，终三年如一日，乃知其诚也。因谓之曰：吾食汝三年粉团，何以报汝？府后有一地，葬之，子孙官爵，有一升麻子之数。其子依所点葬之，初世即有九人登第，累代簪缨甚盛，福建有无林不开榜之谣。

冯琢庵太史之父，为邑庠生。隆冬早起赴学，路遇一人，倒卧雪中，扪之，半僵矣。遂解己绵裘衣之，且扶归救苏。梦神告之曰："汝救人一命，出至诚心，吾遣韩琦为汝子。"及生琢庵，遂名琦。

台州应尚书，壮年习业于山中。夜鬼啸集，往往惊人，公不惧也。一夕闻鬼云："某妇以夫久客不归，翁姑逼其嫁人。明夜当缢死于此，吾得代矣。"公潜卖田，得银四两。即伪作其夫之书，寄银还家；其父母见书，以手迹不类，疑之。既而曰："书可假，银不可假；想儿无恙。"妇遂不嫁。其子后归，夫妇相保如初。

公又闻鬼语曰："我当得代，奈此秀才坏吾事。"旁一鬼曰："尔何不祸之？"曰："上帝以此人心好，命作阴德尚书矣，吾何得而祸之？"应公因此益自努励，善日加修，德日加厚；遇岁饥，辄捐谷以赈之；遇亲戚有急，辄委曲维持；遇有横逆，辄反躬自责，怡然顺受；子孙登科第者，今累累也。

常熟徐凤竹栻，其父素富，偶遇年荒，先捐租以为同邑之倡，又分谷以赈贫乏，夜闻鬼唱于门曰："千不诓，万不诓；徐家秀才，做到了举人郎。"相续而呼，连夜不断。是岁，凤竹果举于乡，其父因而益积德，孳孳不怠，修桥修路，斋僧接众，凡有利益，无不尽心。后又闻鬼唱于门曰："千不诓，万不诓；徐家举人，直做到都堂。"凤竹官终两浙巡抚。

嘉兴屠康僖公，初为刑部主事，宿狱中，细询诸囚情状，得无辜者若干人，公不自以为功，密疏其事，以白堂官。后朝审，堂官摘其语，以讯诸囚，无不服者，释冤抑十余人。一时辇下咸颂尚书之明。公复禀曰："辇毂之下，尚多冤民，四海之广，兆民之众，岂无枉者？宜五年差一减刑官，核实而平反之。"尚书为奏，允其议。时公亦差减刑之列，梦一神告之曰："汝命无子，今减刑之议，深合天心，上帝赐汝三子，皆衣紫腰金。"是夕夫人有娠，后生应埙、应坤、应埈，皆显官。

嘉兴包凭，字信之，其父为池阳太守，生七子，凭最少。赘平湖袁氏，与吾父往来甚厚，博学高才，累举不第，留心二氏之学。一日东游泖湖，偶至一村寺中，见观音像，淋漓露立，即解囊中得十金，授主僧，令修屋宇。僧告以功大银少，不能竣事；复取松布四疋，检箧中衣七件与之。内纻褶，系新置，其仆请已之，凭曰："但得圣像无恙，吾虽裸裎何伤？"僧垂泪曰："舍银及衣布，犹非难事。只此一点心，如何易得！"后功完，拉老父同游，宿寺中。公梦伽蓝来谢曰："汝子当享世禄矣。"后子汴、孙柽芳，皆登第，作显官。

嘉善支立之父，为刑房吏，有囚无辜陷重辟，意哀之，欲求其生。囚语其妻曰："支公嘉意，愧无以报，明日延之下乡，汝以身事之，彼或肯用意，则我可生也。"其妻泣而听命。及至，妻自出劝酒，具告以夫意。支不听，卒为尽力平反之。囚出狱，夫妻登门叩谢曰："公如此厚德，晚世所稀，今无子，吾有弱女，送为箕帚妾，此则礼之可通者。"支为备礼而纳之，生立，弱冠中魁，官至翰林孔目。立生高，高生禄，皆贡为学博。禄生大纶，登第。

凡此十条，所行不同，同归于善而已。若复精而言之，则善有真有假，有端有曲，有阴有阳，有是有非，有偏有正，有半有满，有大有小，有难有易，皆当深辨。为善而不穷理，则自谓行善，岂知造业，枉费苦心，招殃愈烈，可惧也。

何谓真假？昔有儒生数辈谒中峰和尚，问曰："佛氏论善恶报应，如影随形。今某人善而子孙不兴，某人恶而家门隆盛，佛说无稽矣。"中峰云："凡情未涤，正眼未开，认善为恶，指恶为善，往往有之。不憾己之是非颠倒，而反怨天之报应有差乎？"众云："善恶何至相反？"中峰令试言其状。一人谓詈人殴人是恶，敬人礼人是善。中峰云："未必然也。"一人谓贪财妄取是恶，廉洁有守是善。中峰云："未必然也。"众人屡言其状，中峰皆谓不然。因请问。中峰告之曰："有益于人是善，有益于己是恶。有益于人，则殴人詈人皆善也；有益于己，则敬人礼人皆恶也。是故人之行善，利人者公，公则为真；利己者私，私则为假。又根心者真，袭迹者假；又无为而为者真，有为而为者假。"皆当自考。

何谓端曲？今人见谨愿之士，类称为善而取之，其次则取有守廉洁者，至于言高而行不逮者，则以为恶而弃之，人情大抵然也。然自圣人观之，则狂者行不掩言，最所深取，其次则狷者有所不为，至于谨愿之士，虽一乡皆好之，而必以为德之贼矣。是世人之善恶，分明与圣人相反，推此一端，则种种取舍，无有不谬。天地鬼神之福善祸淫，皆与圣人同是非，而不与世俗同取舍。凡欲积善，决不可徇世人之耳目，惟从心源隐微处，默默洗涤，默默检点。若纯是济世之心则为端，苟有一毫媚世之心即为曲；纯是爱人之心则为端，有一毫愤世之心即为曲；纯是敬人之心则为端，有一毫玩世之心即为曲。皆当细辨。

何谓阴阳？凡为善而人知之，则为阳善；为善而人不知，则为阴德。阴德天报之，阳善享世名，名亦福也。名者，造物所忌，世之享盛名而实不副者，多有奇祸；人之无他肠而横被恶名者，子孙往往骤发。阴阳之际微矣哉！

何谓是非？鲁国之法，鲁人有赎人臣妾于诸侯者，皆受金于府，子贡赎人而不受金，孔子闻而恶之曰："赐失之矣。夫圣人之举事，可以移风易俗，而教道可施于百姓，非独适己之行也。今鲁国富者寡而贫者众，受金则为不廉，何以相赎乎？自今以后，不复赎人于诸侯矣。"子路拯人于溺，其人谢之以牛，子路受之，孔子喜曰："自今鲁国多拯人于溺矣。"自俗眼观之，子贡之不受金为优，子路之受牛为劣，孔子则取由而黜赐焉。乃知人之为善，不论现行而论流弊，不论一时而论永久，不论一身而论天下。现行虽善，而其流足以害人，则似善而实非也；现行虽不善，而其流足以济人，则非善而实是也。然此就一节言之耳，他如非义之义，非礼之礼，非信之信，非慈之慈，皆当抉择。

何谓偏正？昔吕文懿公初辞相位，归故里，海内仰之，如泰山北斗。有一乡人醉而詈之，吕公不动，谓其仆曰："醉者，勿与较也。"闭门谢之。逾年，其人犯死刑入狱。吕始悔之曰："使当时稍与计较，送公家责治，可以小惩而大戒，我当时只欲存心于厚，不谓养成其恶，陷人于有过之地。"此以善心而行恶事者也。又有以恶心而行善事者。如某家大富，值岁荒民穷，白昼攫粟于市，告之县，县不理，穷民愈肆，遂私执而困辱之，众始定。不然，几乱矣。然此公之心本卫家财，非以行善也，而一方之民获安，其惠普矣。故善者为正，恶者为偏，人皆知之矣。其以善心而行恶事者，此正中偏也，以恶心而行善事者，此偏中正也，不可不知也。

何谓半满？《易》曰："善不积，不足以成名，恶不积，不足以灭身。"《书》曰："商罪贯盈。"如贮物于器，勤而积之，则满，懈而不积，则不满，此一说也。

昔有某氏女入寺，欲施而无财，止有钱二文，捐而与之，主席者亲为忏悔。及后入宫富贵，携数千金复入寺施之，主僧惟令其徒回向而已。因问曰："我前施钱二文，汝亲为忏悔，今施数千金，而汝不回向，何也？"曰："前者物虽薄，而施心甚真，非老僧亲忏不足报德。今物虽厚，而施心不若前日之切，令人代忏足矣。"此千金为半，而二文为满也。钟离授丹于吕仙，点铁为金，可以济世。吕问曰："终变否？"曰："五百年后当复本质。"吕曰："如此则害五百年后人矣，吾不愿为也。"曰："修仙要积三千功行，汝此一言，三千功行已满矣。"此又一说也。

又为善而心不著善，则随所成就，皆得圆满。心著于善，则终身勤励，止于半善而已。譬如以财济人，内不见己，外不见人，中不见所施之物，是谓三轮体空，是谓一心清净，则斗粟可以种无涯之德，一文可以消千劫之罪。倘此心未忘，虽施黄金万镒，福不满也。此又一说也。

何谓大小？明明德于天下为大，明明德于一身为小。昔卫仲达为馆职，被摄至冥司，吏呈善恶二录，比至，则恶录盈庭，其善录仅如箸而已。索秤称之，则盈庭者反轻，而如箸者反重。仲达曰："某年未四十，安得过恶如是多乎？"曰："一念不正即是，不待犯也。"因问小轴中所书何事。曰："朝廷尝大兴工役，修三山石桥，君上疏谏之，此疏稿也。"仲达曰："某虽言之，朝廷不从，于事何益，而能有如是之力？"官曰："朝廷虽不从，君之一念，已在万民，向使听从，善力更大矣。"故志在天下国家，则善虽少而大，苟在一身，虽多亦小。

何谓难易？先儒谓克己须从难克处克将去。夫子告樊迟为仁，亦曰"先难"。必如江西舒翁，舍二年仅得之束脩，代偿官银而全人夫妇，与邯郸张翁，舍十年所积之钱，代完赎银而活人妻子，皆所谓难舍处能舍也。如镇江靳翁，虽年老无子，不忍以幼女为妾而还之邻，此难忍处能忍也，故天之降福亦厚。凡有财有势者，其作福皆易，易而不为，是为自暴。贫贱作福皆难，难而能为，斯可贵耳。

随缘济众，其类至繁，约言其纲，大略有十。窃谓种德之事，第一与人为善，第二爱敬存心，第三成人之美，第四劝人为善，第五救人危急，第六兴建大利，第七舍财作福，第八护持正法，第九敬重尊长，第十爱惜物命。

何谓与人为善？昔舜在河滨，见渔者皆争取深潭厚泽，而老弱则渔于急流浅滩之中，恻然哀之。往而渔焉，见争者皆匿其过而不谈，见有让者，则揄扬而取法之。期年，皆以深潭厚泽相让矣。其耕稼与陶皆然。夫以舜之睿明，岂不能出一言教众人哉？乃不以言教而以身转之，此良工苦心也。我辈处末世，勿以己之长而盖人，勿以己之善而形人，勿以己之多能而困人。收敛才智，若无若虚，见人过失，且涵容而掩覆之，一则令其可改，一则令其有所顾忌而不敢纵。见人有微长可取，小善可录，翻然舍己而从之，且为艳称而广述之。凡日用间发一言，行一事，全不为自身起念，全是为物立则，此大人天下为公之度量。

何谓爱敬存心？君子与小人，就形迹上观，节义、廉洁、文章、政事、善行，君子能之，小人亦或能之，常易相混。惟一点存心处，则善恶悬绝，判如黑白之相反。故孟子曰："君子之所以异于人者，以其存心也。"君子所存之心，曰仁曰礼，仁礼又是何物？仁者爱人，有礼者敬人，谓常存爱人敬人之心耳。人有亲疏，有贵贱，有智愚贤不肖，万品不齐，皆我同胞，皆我一体，孰非当爱当敬者？爱敬众人，即是爱敬圣贤；循物无违，而能通众人之志，即是能通圣贤之志。何者？圣贤之志，本欲斯世斯人各得其所。我合爱合敬，而安一世之人，即是为圣贤而安之也。况古之圣贤，因人物而起慈悲，因慈悲而成正觉。《大学》云"明明德于天下"，舍天下则我亦无明明德处矣。

何谓成人之美？玉之在石，抵掷则瓦砾，追琢则圭璋，故凡见人行一善事，或其人志可取而资可进，皆须诱掖而成就之。或为之奖借，或为之维持，或为之白其诬而分其谤，务使之成立而后已。大抵人各恶其非类，乡人之善者少，不善者多。故见一善事，争非而甚毁之。善人在俗，亦难自立。且豪杰铮铮，不甚修形迹，多易指摘，故善事常易败，而善人常得谤，常不能自完。惟仁人长者，能匡直而辅翼之，在一乡可以回一乡之元气，在一国可以陪一国之命脉，其功德最大。

何谓劝人为善？生为人类，孰无良心？世路役役，最易没溺。凡与人相处，当方便提撕，开其迷惑。譬犹长夜大梦，而令之一觉，譬犹久陷烦恼，而拔之清凉，为惠最普。韩愈云："一时劝人以口，百世劝人以书。"较之与人为善，虽有形迹，然对证发药，时有奇效，不可废也。失言失人，当反我智。

何谓救人危急？患难颠沛，人所时有。偶一遇之，当如痛痒之在身，速为解救。或以一言伸其屈抑，或以多方济其颠连。崔子曰："惠不在大，赴人之急可也。"盖仁人之言哉！

何谓兴建大利？小而一乡之内，大而一邑之中，凡有利益，最宜兴建。或开渠导水，或筑堤防患，或修桥梁以便行旅，或施茶饭以济饥渴，随缘劝导，协力兴修，勿避嫌疑，勿辞劳怨。

何谓舍财作福？释门万行，以布施为先。所谓布施者，只是舍之一字耳。达者内舍六根，外舍六尘，一切缘会，一切功德，无不舍者。苟未能然，先从财上布施。世人以衣食为命，故财为最重，我从而舍之，内以破我之悭，外以济人之急，始而勉强，终则泰然，最可以荡涤私情，祛除执吝。

何谓护持正法？法者，万世生灵之眼目也。不有正法，何以参赞天地，何以财成民物，何以脱尘解缚，何以经世出世？故凡见圣贤庙貌、经书典籍，皆当敬重而修饰之。至于举扬正法，上报天恩，尤宜勉励。

何谓敬重尊长？家之父兄，国之君长，与凡年高、德高、位高、职高者，皆当加意奉侍。在家而奉侍父母，使深爱婉容，柔声下气，习以成性，便是和气格天之本。出而事君，行一事，毋谓君不知而自恣也；刑一人，毋谓君不见而作威也。事君如天，古人格论，此等处最关阴德，试看忠孝之家，子孙未有不绵远而昌盛者。

何谓爱惜物命？凡人之所以为人者，惟此恻隐之心而已，求仁者求此，积德者积此。周礼：孟春之月，牺牲毋用牝。孟子谓"君子远庖厨"，所以全我恻隐之心也。故前辈有四不食之戒，谓闻杀不食、见杀不食、自养者不食、专为我杀者不食。夫见其生，不忍见其死，闻其生，不忍食其肉，闻杀见杀，与自养而杀者，苟有仁心，必不忍食。学者未能断肉，且当从此戒之。渐渐增进，慈心愈长，防范愈周，不特杀生当戒，蠢动含灵，皆为物命。求丝煮茧，锄地杀虫，念衣食之由来，皆杀彼以自活，故暴殄之孽，当于杀生等。至于手所误伤，足所误践者，不知其几，皆当委曲防之。古诗云："爱鼠常留饭，怜蛾不点灯。"何其仁也！

善行无穷，不能殚述，由此十事而推广之，则万德可备矣。

谦德之效

《易》曰:"天道亏盈而益谦,地道变盈而流谦,鬼神害盈而福谦,人道恶盈而好谦。"是故《谦》之一卦,六爻俱吉。《书》曰:"满招损,谦受益,时乃天道。"盖言为谦谦能为受福之地耳。予屡同诸公应试,每见寒士将达,必有一段谦光可掬。

辛未计偕,我嘉善同袍凡十人,惟丁敬宇宾年最少,众意忽之。予告费锦坡曰:"此兄今年必第。"费曰:"何以见之?"予曰:"惟谦受福。兄看十人中,有恂恂款款,不敢先人,如敬宇者乎?有恭敬顺承,小心谦畏,如敬宇者乎?有受侮不答,闻谤不辩,如敬宇者乎?人能如此,即天地鬼神犹将佑之,岂有不发者?"及开榜,丁果中式。

丁丑在京,与冯开之同处,见其虚己敛容,大变其幼年之习。李霁岩直谅益友,时面攻其非,但见其平怀顺受,未尝有一言相报。予告之曰:"福有福始,祸有祸先,此心果谦,天必相之,兄今年决第矣。"已而果然。

赵裕峰光远,山东冠县人,童年举于乡,久不第。其父为嘉善三尹,从之官,慕钱明吾而执文见之,明吾悉抹其文,赵不惟不怒,且心服而速改焉。明年遂登第。

壬辰岁,予入觐,接夏建所,见其人气虚意下,谦光逼人,归而告友人曰:"凡天将发斯人也,未发其福,先发其慧,此慧一发,则浮者自实,肆者自敛。建所温良若此,天启之矣。"及开榜,果中式。

江阴张畏岩，积学工文，有声艺林。甲午南京乡试，寓一寺中，揭晓无名，大骂试官，以为迷目。时有一道者在傍微哂，张遽移怒，谓："汝何为笑我？"道者曰："相公之文必不佳。"张益怒曰："汝又不见我文，乌知不佳？"曰："闻作文章心气和平，今听骂詈试观之词，则胸中不平甚矣，文安得工？"张不觉屈服，因就而请教焉。道者曰："命若该中，即文字不工亦中；命苟不该中，文虽工无益也。须自家做个转变始得。"张曰："命既不中，须安意听之，如何转变。"道者曰："造命者天，立命者我。力行善事，广积阴德，而又加意谦谨以承休命，何福不可求哉？"张曰："我贫儒也，安得钱来行善事积阴功乎？"道者曰："善事阴功，皆由心造，常存此心，功德无量。且如谦虚一节，并不费钱，你如何不自反而骂试官乎？"张由此感悟，折节自持。旧处一馆，有服役童子甚顽，时加责治。后三年，馆于其家，不但不敢责詈，即气亦不敢诃于其面。丁酉梦至一室，其房甚高，有桌座在中亦高。适启其柜，得试录一册，中多缺行。问傍人曰："此今科试录，奈何多缺其名？"傍人曰："科第阴间三年一考较，须积德无咎者方有名。如前所缺，皆系旧该中式，因新有薄行而去之者也。"指后一行云："汝三年来持身颇慎，或当补此，珍重自爱。"是科果中一百五名，正梦中所指也。

由此观之，举头三尺，决有神明，趋吉避凶，断然由我。须使我存心制行，毫不得罪于天地鬼神，而虚心屈己，使天地鬼神时时怜我，方才有受福之基。古语云："有志于功名者，必得功名；有志于富贵者，必得富贵。"人之有志，如树之有根，乃三军不可夺者。立定此志，须念念谦虚，尘尘方便，自然感动天地，而造福由我。今之求登科第者，初未尝有真志，不过一时意兴耳，兴到则求，兴阑则止。孟子曰："王之好乐甚，齐其庶几乎？"予于举业亦云。

附录二

［明］袁衷等　录

［明］钱晓　录

华国栋　校点　订

庭帏杂录

序

　　余小子生也晚，不获事吾祖参坡先生暨吾祖母李孺人。阅吾父及吾诸伯叔所述《庭帏杂录》，未尝不哑然惊、惕然惧，而悚然思奋也。

　　开辟生人，至夥矣，独称朱均为不肖，何哉？以尧舜至德，不能相肖耳。故为众人之子孙易，为贤人之子孙难。《记》称"文王无忧"，岂前有所承，后有所托，而可以无忧哉？殆谓文王宜忧而不忧耳。盖前有贤父，毫发不类便堕家声；后有圣子，身范稍亏便难作则。况曰，父作之在文王，必有所绍之者；曰，子述之在文王，必有所开之者。惟文王能尽道，所以无忧也。不然，蔡叔以文王为父，蔡仲为子，而宁能免于忧哉？

　　今吾祖何如人？吾伯叔何如人？吾父又何如人？而为子孙者，可泄泄已乎？

　　闻诸吾父，谓吾祖之学，无所不窥而特寓意于医，借以警世觉人。察脉而知其心之多欲也，则告以淡泊清虚；察脉而知其心之多忿也，则告以涵泳宽裕；察脉而知其心之荡且浮也，则告以凝静收敛。引经据传，切理当情，闻者莫不有省。虽家庭指示，片语微词，皆可书而诵也。

　　伯氏春谷先生先录其言，以备观省，已而诸伯叔竞效而录之，共二十余卷，经倭乱存者无几。吾父虑其尽逸也，遂辑其存者，厘为上下二卷，付之梓人。

　　吾王父母心术之微，不尽在是也；行谊之大，亦不尽在是也。然善观人者，尝其一脔可以知全鼎之味矣。

勉承父命，谨题其端，以自勖云。

万历丁酉季秋吉旦，孙男袁天启拜手谨书

问:"尧让天下于许由,经传不载,岂后人附会欤?"父参坡曰:"按《左传》,许,太岳之后,古者申吕、许甫,皆四岳之后。《书》云:'咨,四岳。朕在位七十载,汝能庸命巽朕位?'让由之举,或即此乎?"

宋韩琦为谏官三年,所存谏稿,欲敛而焚之,以效古人谨密之义。然恐无以见人主从谏之美,乃集主上所信从及足以表主上之德者,七十余章,曰《谏垣存稿》。自序于其首,大略曰:"谏主于理,而以至诚将之。"前辈之忠厚如此,今乃有以进言要名者,良可悼也。

有王某者,善风鉴,江湖奇士也。来访父,坐定,闻门外履声橐橐,王倾耳曰:"有三品官来。"及至,则表兄沈科也。王谛观之,曰:"肉胜骨,须肉稍去则发矣。"科不怿,即起入内见吾母。是冬科患病,大肉尽脱。吾与三弟调理之,将愈,父谓曰:"此病但平其胃火,火去则脾胃自调,必愈;若滋其肾水,水旺则邪火自退,亦愈。然胃火去则善食,必肥,不若肾水旺则骨坚,而可应王生之言也。"

因书一方,授予,使付科如法修服。后果精神日旺,而浮肉不生。明年举乡荐,甲辰登第,终苑马卿。

传称"孔子家儿不知骂,曾子家儿不知怒",生而善教也。

汝祖生平不喜责人,每僮仆有过当刑,辄与汝祖母私约:"我执杖往,汝来劝止，我体其意。"终身未尝以怒责仆，亦未尝骂仆。

汝曹识之。

汝曾祖菊泉先生尝语我云："吾家世不干禄仕，所以历代无显名。然忠信孝友，则世守之，第令子孙不失家法，足矣。即读书，亦但欲明理义，识古人趣向。若富贵，则天也。"

问："吾祖凿半亩池水，冬夏不涸。邻池常涸，何也？"

曰："池中置牛骨则不涸。出《西都志》。"

沈科问："六艺，御为卑，今凡上用之物皆称'御'，官称'御史'，何也？"

曰："吴临川云，君之在车，与御者最相亲近，故君所亲近之人谓之御，君所亲用之物亦谓之御。"

钱南士问："何以谓之市井？"

曰："古者，一井之地，二十亩，为庐舍。因为市以交易，故云。"

袁裳问："俗以每月初五、十四、二十三日为月忌，凡事皆避之，何所取义？"

曰："阴阳书以是三日为九良星直日，故不用，其义亦不明。河图九数，趋三避五。初一日起，一居坎；至初五日，五居中；十四日、二十三日，五皆居中。五为君象，故民庶不可用。"

凡言语、文字，与夫作事、应酬，皆须有涵蓄，方有味。说话到五七分便止，留有余不尽之意，令人默会；作事亦须得五七分势便止。若到十分，如张弓然，过满则折矣。

钱晒问："寒食禁火，相传为介子推而设，果尔止该行于晋地，何四方皆然也？"

曰："予尝读《丹阳集》，云：龙是木之位，春属东方，心为大火。惧火盛，故禁火。是以有龙禁之忌，未必为子推设也。"

袁襄问："《月令》言'孟冬腊先祖'，郑玄注云'腊即周礼所谓蜡祭也'。然则腊、蜡同乎？"

曰："尝观《玉烛宝典》云'腊祭先祖，蜡祭百神'，则腊与蜡异。蜡祭因飨农以终岁勤，勤而息之；腊，猎也，猎取禽兽祭先祖，重本始也。二祭寓意不同，所以腊于庙，蜡于郊。"

子华子曰："人之性，其犹水然，水之源至洁而无秽，其所以湛之者，久则不能无易也。是故，方圆曲折湛于所遇，而形易矣；青黄亦白湛于所受，而色易矣；硡匋淙射湛于所阂，而响易矣；洄伏悠容湛于所容，而态易矣；咸淡芳奥湛于所染，而味易矣。此五易者，非水性也，而水之流则然。孔子曰：'性相近也，习相远也。'尔辈慎习。"

沈科初授南京行人司副，归别吾父。

吾父谓之曰："前辈谓仕路乃毒蛇聚会之场，余谓其言稍过，然君子缘是可以自修，其毒未形也。吾谨避之，质直好义，以服其心；察言观色，虑以下之，以平其忿。其毒既形，吾顺受之，彼以毒来，吾以慈受可也。

《记》称：'吊丧不能赙，不问其所费；问疾不能馈，不问其所欲；见人不能馆，不问其所舍。'此言最尽物情。故张横渠谓'物我两尽，自《曲礼》入'，非虚言也。汝辈处世，宜一一据此推广，如见讼不能解，不问其所由；见灾不能恤，不问其所苦；见穷不能赈，不问其所乏。"

问："天下事皆重根本而轻枝叶。《记》称：'天下有道，则行有枝叶；无道，则词有枝叶。'岂行贵枝叶乎?"

父曰:"枝叶从根本而出,邦有道,则人务实,故精神畅于践履;无道,则人尚虚,故精神畅于词说。"

予与二弟□□□侍吾母,□□□□予辈不自知其非己出也。

新衣初试,旋或污毁,吾母夜缝而密浣之,不使吾父知也。

正食既饱,复索杂食,吾母量授而撙节之,不拂亦不恣也。

坐立言笑,必教以正。

吾辈幼而知礼,先母没,期年吾父继娶吾母来时,先母灵座尚在,吾母朝夕上膳,必亲必敬。当岁时佳节,父或他出,吾母即率吾二人躬行奠礼。尝洒泪告曰:"汝母不幸早世,汝辈不及养,所可尽人子之心者,惟此祭耳。"

为吾子孙者,幸勿忘此语。

以上男袞袞录

宋儒教人,专以读书为学。其失也俗。

近世王伯安,尽扫宋儒之陋,而教人专求之言语、文字之外。其失也虚。

观"子路曰:'何必读书然后为学'",则孔门亦尝以读书为学。但须识得本领工夫,始不错耳。

孟子曰:"学问之道无他,求其放心而已矣。"求放心是本领,学问是枝叶。

作文、句法、字法,要当皆有源流。诚不可不熟玩古书。然不可蹈袭,亦不可刻意摹拟,须要说理精到,有千古不可磨灭之见;亦须有关风化,不为徒作,乃可言文。若规规摹拟，则自家生意索然矣。

近世操觚习艺者，往往务为艰词晦语，或二字三字为句，以自矜高古；甚或使人不可句读，而味其理趣，则漠然如嚼蜡耳。此文章之一大阸也。尔辈切不可效之！

> 文字最可观人。如正人君子，其文必平正通达；如奸邪小人，其文必艰涩崎岖。

士之品有三。志于道德者为上，志于功名者次之，志于富贵者为下。近世人家生子，禀赋稍异，父母师友即以富贵期之。其子幸而有成，富贵之外，不复知功名为何物，况道德乎！吾祖生吾父，岐嶷秀颖，吾父生吾，亦不愚，然皆不习举业，而授以五经古义。生汝兄弟，始教汝习举业，亦非徒以富贵望汝也。伊周勋业、孔孟文章，皆男子当事，位之得不得在天，德之修不修在我。毋弃其在我者，毋强其在天者。

欲洁身者必去垢，欲愈疾者必求医。昔曹子建文字好人讥弹，应时改定，岂独文艺当尔哉？进德修业皆当如此。

晏元献公尝言："韩退之扶持圣教、划除异端，则诚有功；若其祖述《坟》《典》，宪章《骚》《雅》，上传三古，下笼百世，横行阔视于缀述之场者，子厚一人而已。"盖深取柳而抑韩也。

尔辈试虚心观之，二公之学识相去颇远，当知晏公之言不虚耳。

唐人余知古与欧阳生书，讥韩愈之陋曰："其作《原道》则崔豹《答牛生书》，作《讳辩》则张诚《论旧名》也，作《毛颖传》则袁淑《太兰王九锡》也，作《送穷文》则杨子云《逐贫赋》也。"当时盖甚轻之，惜今人读书不多，不知韩之蹈袭耳。

当理之言，人未必信；修洁之行，物或相猜。是以至宝多疑，荆山有泪。

读书贵博亦贵精。苏文《管仲论》近世刊本，皆作"彼管仲者，何以死哉"。及得宋刻，则"何"字乃"可"字，与上文"可以死"正相应。

许浑诗"湘潭云尽暮山出"，此世本也。及观刘巨济收浑手书，则"山"字乃"烟"字也。

潘荣史断引"少仕伪朝"，责李密《陈情》之谬。尝见释氏书引此文，"伪朝"作"荒朝"，盖密之初文也。"伪朝"字乃晋人改之入史耳。

孔明《出师表》，今世所传，皆本《三国志》。查《文选》所载，则"先帝之灵"下，尚有"若无兴德之言"六字。必如是，而其义始完也。

自杜牧有"西子下姑苏，一舫逐鸱夷"之句，世皆传范蠡载西施以逃。及观《修文御览》，引《吴越春秋》逸篇云："吴亡后，浮西施于江，令随鸱夷以终。"盖当时子胥死，盛以鸱夷浮之江。今沉西施于江，所以谢子胥也。范蠡去越，亦号鸱夷子，杜牧遂误以胥为蠡耳。《墨子》曰："吴起之裂，其功也；西施之沉，其美也。"岂非明证哉！

作诗，以真情说真境，方为作者。周濂溪《和费令游山》诗云："是处尘劳皆可息，清时终不忍辞官。"此由衷之语，何其温柔敦厚也！若婴情魏阙，托兴青山，徒令人可厌耳。

杨升庵尝评韩退之赠张曙诗云："'久钦江总文才妙，自叹虞翻骨相屯。'以忠直自比，而以奸邪待人，岂圣贤谦己恕人之意。此乃韩公生平病处，而宋人多学之，谓之占地步；心术先坏矣，何地步之有！"此论最当。今之人抑又甚焉，阴含讥讽，如诅如詈，此小人之尤者，不可效也。

问："《史记》'庾死狱中'，何以谓之'庾'？"

曰："按《说文》'束缚捽抴为㬰'，㬰、庾古通用也。"

郁九章来访，坐谈伍员之"员"，宜作"运"。

父曰："岂惟如此！澹台灭明之'澹'，《管子》《淮南子》皆音'潭'。"

郁曰："澹与淡同乎？"

〔曰：〕"淡去声，澹音潭。《文选》澹、淡连用，本二字非一字也。钟繇，字符常，取'咎繇陈谟，彰厥有常'义。今多呼繇为由，亦误也。"

郁曰："此更有何证？"

曰："晋《世说》载，庾公谓钟会曰：'何以久望卿遥遥不至？'谓举其父讳以嘲之。此明证矣。又，五代王朴，朴，平豆反，而今人皆呼为朴。似此之类，不可枚举。"

宋儒谓《易》经，象象卦爻皆取义于物。象者，犀之名，状如犀而小角，善知吉凶，交广有之，土人名曰"猪神"，犀形独角，知几知微，是则象者，取于几也。象，大荒之兽，人希见生象，按其图以想其形，名之曰像，是则象者，取于像也。

孔颖达曰："卦者，挂也。挂之于壁也。盖悬物之杙也。"近世杨慎非之，谓:"卦者圭也。古者造律制量,六十四黍为一圭,则六十四象总名为卦。"亦自有理。

应劭曰:"圭者,自然之形,阴阳之始;则卦者,亦自然之形,阴阳之始。其为字从卜,为义从圭,为声亦为义,古文圭亦音卦。本经云,爻者,交疏之窗也。其字象窗形,今之象眼窗也。一窗之孔六十四,六窗之孔凡三百八十四也。是则爻者,义所旁通也。"

坤顺乾而育物,阳资阴也。月远日而生明,阴避阳也。

鱼生流水者,皆鳞白;鱼生止水者,皆鳞黑。

予夜读《君陈》篇。

父问曰:"君陈是何人?"

对曰:"不知。"

曰:"是周公之子,伯禽之弟,王伯厚言之甚详,且《坊记》注有明文可证也。"

比邻沈氏,世仇予家。

吾母初来,吾弟兄尚幼。吾家有桃一株,生出墙外,沈辄锯之。予兄弟见之,奔告吾母。

母曰:"是宜然!吾家之桃,岂可僭彼家之地!"

沈亦有枣,生过予墙。枣初生,母呼吾弟兄,戒曰:"邻家之枣,慎勿扑取一枚!"并诫诸仆为守护。

及枣熟,请沈女使至家而摘之,以盒送还。

吾家有羊,走入彼园,彼即扑死。

明日彼有羊窜过墙来，群仆大喜，亦欲扑之，以偿昨憾。

母曰："不可！"命送还之。

沈某病，吾父往诊之，贻之药。

父出，母复遣人告群邻曰："疾病相恤，邻里之义。沈负病，家贫，各出银五分以助之。"得银一两三钱五分。独助米一石。

由是，沈遂忘仇感义，至今两家姻戚往还。

古语云："天下无不可化之人。"谅哉！

有富室娶亲，乘巨舫自南来，经吾门，风雨大作，舟触吾家船坊，倒焉。

邻里共捽其舟人，欲偿所费。

吾母闻之，问曰："媳妇在舟否？"

曰："在舟中。"

因遣人谢诸邻曰："人家娶妇，期于吉庆，在路若赔钱，舅姑以为不吉矣。况吾坊年久，积朽将颓，彼舟大风急，非力所及，幸宽之！"

众从命。

吾母爱吾兄弟，逾于己出。未寒思衣，未饥思食，亲友有馈果馔，必留以相饲。既娶妇，依然昫育，无异韶龀也。

吾妇感其殷勤，泣语予曰："即亲生之母，何以逾此！"

妻家或有馈，虽甚微掬，不敢私尝，必以奉母。

一日，偶得鳜，妇亲烹，命小僮胡松持奉。

松私食之。

少顷，妇见姑，问曰："鳜堪食否？"

姑愕然良久，曰："亦堪食！"

妇疑，退而鞫松，则知其窃食状。

复走谒姑曰："鳜不送至而曰'堪食'，何也？"

吾母笑曰："汝问鳜，则必献；吾不食，则松必窃。吾不欲以口腹之故见人过也。"

其厚德如此。

以上男袁裹录

下　卷

王虚中《解书法》："词之内不可减，减之则为凿，凿则失本意；词之外不可增，增之则为赘，赘则坏本意。"

此至要之言。然得其词者浅，得其意者深。汝辈读书，勿专守着词语，须逆其志于词之内，会其神于词之外，庶有益耳。

仲尼题吴季子墓，止曰"有吴延陵季子之墓"，益者谓胜碑碣千言。

张子韶祭洪忠宣，止曰"维某年月日，具官某，谨以清酌之奠昭告于某官之灵，呜呼哀哉，伏惟尚飨"，景卢深美其情，悲怆乃过于词。可见文不如质，实能胜华。

此可为作文之法。

象纬术数，君子通之，而不欲以是成名；诗词赋命，君子学之，而不欲以是哗世。

何也？有本焉，故也。

六朝颜之推，家法最正，相传最远。作《颜氏家训》，谆谆欲子孙崇正教，尊学问。

宋吕蒙正，晨起辄拜天，祝曰："顾敬信三宝者，生于吾家！"不特其子公著为贤宰相，历代诸孙，如居仁、祖谦辈，皆闻人贤士，此所当法也。

吾目中见毁佛、辟教，及拆僧房、僭寺基者，其子孙皆不振，或有奇祸。碌碌者姑不论。崑山魏祭酒崇儒辟释，其居官，毁六祖遗钵；居乡，又拆寺兴书院。毕竟绝嗣，继之者亦绝。聂双江为苏州太守，以兴儒教辟异端为己任，劝僧蓄发归农。一时诸名公如陆粲、顾存仁辈，皆佃寺基。闻聂公无嗣，即有嗣当亦不振也。吾友沈一之，孝弟忠信，古貌古心，醇然儒者也。然亦辟佛，近又拆庵为家庙。闻陆秀卿在岳州，亦专毁淫祠而间及寺宇。论沈陆之醇肠硕行，虽百世子孙保之可也；论其毁法轻教，宁能无报乎？尔曹识之，吾不及见也。

问作诗之法，曰："以性情为境，以无邪为法，以人伦物理为用，以温柔敦厚为教，以凝神为入门，以超悟为究竟。"

诗起于三百篇。学诗者，皆沿其下，稍忘其本始。

起非分之思，开无谓之口，行无益之事，不如其已！

自小学久废，《尔雅》《说文》无留心者。士人行文，多所谬误，虽正史不免焉。

按：《说文》："率鸟者，系生鸟以来之，名圝。"圝音由。故圝猎人有鹿，唐吕温乃作《由鹿赋》，以"圝"为"由"，误也。蜀人谓老为"皤"，取"皤皤黄发"义。

有贼王小皤作乱，《宋史》乃作"王小波"，当改正。

可爱之物，勿以求人；易犯之怒，勿以禁人；难行之事，勿以令人。

终日戴天，不知其高；终日履地，不知其厚；故草不谢荣于雨露，子不谢生于父母。有识者，须反本而图报，勿贸贸焉已也。

语云："斛满，人概之；人满，神概之。"此良言也。

智周万物，守之以愚；学高天下，持之以朴；德服人群，莅之以虚。不待其满，而常自概之。虽鬼神无如吾何矣。

"呢喃燕子语梁间，底事来惊梦里闲。说与旁人浑不解，杖藜携酒看芝山。"此刘季孙诗也。季孙时以殿直监饶州酒，王荆公以提刑至饶，见是诗，大称赏之。适郡学生持状，请差官摄州学事，公判监酒殿直，一郡大惊。由是知名。

"青衫白发旧参军，旋粜黄粱置酒樽。但得有钱留客醉，也胜骑马傍人门。"此庐秉诗也，荆公见而称之，立荐于朝，不数年，登卿贰。《石林珊瑚诗话》侈载其事。

今之上官有惜才如荆公者乎？即著书满车，谁肯顾者？此英雄所以长摈，世道所以日衰也！

见精，始能为造道之言；养盛，始能为有德之言。其见卑而言高，与养薄而徒事造语者，皆典谟、风雅之罪人也。

黄苏皆好禅。谈者谓子瞻是士夫禅，鲁直是祖师禅。盖优黄而劣苏也。

人皆知二公终身以诗文为事，然二公岂浅浅者哉？子瞻无论其立朝大节，即阳羡买房焚券一细事，亦足砭污起懦。鲁直与人书，论学论文，一切引归根本，未尝以区区文章为足恃者。《余冬序录》尝类其语。

如云："学问文章当求配古人，不可以贤于流俗自足。孝弟忠信是此物根本，养得醇厚，使根深蒂固，然后枝叶茂耳。"

又云："读书须一言一句，自求己身，方见古人用心处。如欲进道，须谢外慕，乃得全功。"

又云："'置心一处，无事不办'，读书先令心不驰走，庶言下有理会。"

又云："学问以自见其性为难。诚见其性，坐则伏于几，立则垂于绅，饮则形于尊彝，食则形于笾豆，升车则鸾和与之言，奏乐则钟鼓为之说。故无适而不当。至于世俗之学，君子有所不暇。"

又云："学问须从治心养性中来，济以玩古之功。三月聚粮，可至千里，但勿欲速成耳。"

此等处，皆汝辈所当服膺也。

顾子声、王天宥、刘光浦在坐，设酒相款。

刘称吾父："大节凛然，细行不苟，世之完德君子也。"

父曰："岂敢当! 尝自默默检点，有十过未除，正赖诸君之力，共刷除之。"

王问："何者为十?"

父曰："外缘役役，内志悠悠，常使此日闲过，一也。闻人之过，口不敢言，而心常尤之，或遇其人，而不能救正，二也。见人之贤，岂不爱慕? 思之而不能与齐，辄复放过，三也。偶有横逆，自反不切，不能感动人，四也。爱惜名节，不能包荒，五也。(原文缺六)终日闲邪，而心不能无妄思，七也。有过辄悔，如不欲生，自谓永不复作矣，而日复一日，不觉不知，旋复忽犯，八也。布施而不能空其所有，忍辱而不能遣之于心，九也。极慕清净而不能断酒肉，十也。"

顾曰："谨受教!"且顾余兄弟曰："汝曹识之，此尊翁实心寡过也。"

夏雨初霁，槐阴送凉。父命吾兄弟赋诗。余诗先成，父击节称赏。

时有惠葛者，父命范裁缝制服赐余，而吾母不知也。及衣成，服以入谢，母询知其故，谓余曰："二兄未服，汝何得先? 且以语言文字而遽享上服，将置二兄于何地？"

褫衣藏之，各制一衣赐二兄，然后服。

吾父不问家人生业，凡薪菜交易，皆吾母司之。

秤银既平，必稍加毫厘。余问其故，母曰："细人生理至微，不可亏之。每次多银一厘，一年不过分外多使银五六钱。吾旋节他费补之，内不损己，外不亏人，吾行此数十年矣！儿曹世守之，勿变也！"

余幼颇聪慧，母欲教习举子业。

父不听，曰："此儿福薄，不能享世禄。寿且不永，不如教习六德六艺，作个好人。医可济人，最能重德，俟稍长，当遣习医。"

余十四岁，五经诵遍，即遣游文衡山先生之门，学字学诗。既毕姻，授以古医经，令如经史，潜心玩之。且嘱余曰："医有八事须知。"

余请问，父曰："志欲大而心欲小，学欲博而业欲专，识欲高而气欲下，量欲宏而守欲洁。发慈悲恻隐之心，拯救大地含灵之苦，立此大志矣。而于用药之际，兢兢以人命为重，不敢妄投一剂，不敢轻试一方，此所谓小心也。上察气运于天，下察草木于地，中察情性于人学，极其博矣。而业在是，则习在是，如承蜩，如贯虱，毫无外慕，所谓专也。穷理养心，如空中朗月，无所不照，见其微而知其著，察其迹而知其因，识诚高矣。而又虚怀降气，不弃贫贱，不嫌臭秽，若恫瘝乃身，而耐心救之，所谓气之下也。遇同侪相处，己有能则告之，人有善则学之，勿存形迹，勿分尔我，量极宏矣。而病家方苦，须深心体恤，相酬之物，富者资为药本，贫者断不可受，于合室颦眉之日，岂忍受以自肥？戒之戒之！"

表弟沈称病，心神恍惚，多惊悸不宁，求药于余。

既授之，父偶见，命取半天河水煎之。半天河水者，乃竹篱头空树中水也。

称问："水不同乎？"

父曰："不同！《衍义》会辨之，未悉也。半天河水在上，天泽水也，故治心病；腊雪水，大寒水也，故解一切热毒；井华水，清冷澄澈水也，故通九窍，明目去酒后热痢；东流水者，顺下之水也，故下药用之；倒流水者，回旋流止之水也，故吐药用之；地浆水者，掘地作坎，以水搅浑，得土气之水也，故能解诸毒；甘烂水者，以木盆盛水，杓扬千遍，泡起作珠数千颗，此乃搅揉气发之水也，故治霍乱，入膀胱，止奔豚也。"

以上男袁裳录

古人慎言，不但非礼勿言也，《中庸》所谓"庸言"，乃孝弟忠信之言，而亦谨之。是故万言万中，不如一默。

童子涉世未深，良心未丧，常存此心，便是作圣之本。

癸卯除夕家宴，母问父曰："今夜者，今岁尽日也。人生世间万事，皆有尽日，每思及此，辄有凄然遗世之想。"

父曰："诚然！禅家以身没之日为腊月三十日，亦喻其有尽也。须未至腊月三十日而预为整顿，庶免临期忙乱耳。"

母问："如何整顿？"

父曰："始乎收心，终乎见性。"

予初讲《孟子》，起对曰："是学问之道也。"

父颔之。

余幼学作文。父书"八戒"于稿簿之前，曰："毋剿袭，毋雷同，毋以浅见而窥，毋以满志而发，毋以作文之心而妄想俗事，毋以鄙秽之念而轻测真诠，毋自是而恶人言，毋倦勤而怠己力。"

"韩退之《符读书城南》诗，专教子取富贵，识者陋之。吾今教尔曹正心诚意，能之乎？"

予应曰："能！"

问："心若何而正？"

对曰："无邪即正。"

问："意若何而诚？"

曰："无伪即诚。"

叱曰："此口头虚话！何可对大人！须实思，其何以正，何以诚，始得！"

余瞿然有省。

诗文有主有从。文以载道，诗以道性情，道即性情，所谓主也；其文词，从也。但使主人尊重，即无仆从，可以遗世独立，而蕴藉有余。今之作文者，类有从无主，鞶帨徒饰，而实意索然，文果如斯而已哉！

野葛虽毒，不食则不能伤生；情欲虽危，不染则无由累己。

问："何得不染？"

曰："但使真心不昧，则欲念自消。偶起即觉，觉之即无。如此而已。"

古人有言畸人、硕士，身不容于时，名不显于世，郁其积而不得施，终于沦落，而万分一不获自见者，岂天遗之乎？时已过矣，世已易矣，乃一旦其后之人勃兴焉，此必然之理，屡屡有征者也。吾家积德，不试者数世矣，子孙其有兴焉者乎！

父自外归，辄掩一室而坐，虽至亲不得见之。予辈从户隙私窥，但见香烟袅绕，衣冠俨然，素须飘飘，如植如塑而已。

父与予讲太极图，吾母从旁听之。

父指图曰："此一圈，从伏羲一画圈将转来，以形容无极太极的道理。"

母笑曰："这个道理亦圈不住，只此一圈，亦是妄。"

父告予曰："太极图汝母已讲竟。"遂掩卷而起。

父每接人，辄温然如春。

然察之，微有不同：接俗人则正色缄口，诺诺无违；接尊长则敛智黜华，意念常下；接后辈则随方寄诲，诚意可掬；唯接同志之友，则或高谈雄辩，耸听四筵，或婉语微词，频惊独坐，闻之者未始不爽然失、帖然服也。

毋以饮食伤脾胃，毋以床笫耗元阳，毋以言语损现在之福，毋以天地造子孙之殃，毋以学术误天下后世。

丙午六月，父患微疾，命移榻于中堂，告诸兄曰："吾祖吾父皆预知死期，皆沐浴更衣，肃然坐逝，皆不死于妇人之手。我今欲长逝矣！"

遂闭户谢客，日惟焚香静坐。至七月初四日，亲友毕集，诸兄咸在，呼予携纸笔进前，书曰："附赘乾坤七十年，飘然今喜谢尘缘。须知灵运终成佛，焉识王乔不是仙。身外幸无轩冕累，世间漫有性真传。云山千古成长往，哪管儿孙俗与贤。"

投笔而逝。

遗书二万余卷，父临没，命检其重者，分赐侄辈，余悉收藏付余。

母指遗书泣告曰："吾不及事汝祖，然见汝父博极群书，犹手不释卷，汝若受书而不能读，则为罪人矣！"

予因取遗籍恣观之，虽不能尽解，而涉猎广记，则自早岁然矣。

吾母当吾父存日，宾客填门，应酬不暇，而吾不见其忙。及父没，衡门悄然，形影相吊，而吾不见其逸。

以上男袤袤录

潘用商与吾父友善，其子恕无子，余幼鞠于其家。

父没，母收回。告曰："一家有一家气习，潘虽良善，其诗书礼义之习，不若吾家多矣。吾早收汝，随诸兄学习，或有可成。"

予随四兄夜诵，吾母必执女工相伴，或至夜分，吾二人寝乃寝。

吾父不刻吾祖文集，以吾祖所重不在文也。及书房雨漏，先集朽不可整，始悔之。吾父亡，吾母命诸兄先刻《一螺集》，曰"毋贻后悔"。

遇四时佳节，吾母前数日造酒以祭，未祭不敢私尝一滴也。

临祭，一牲一菜皆洁诚专设。既祭，然后分而享之。

尝语予曰："汝父年七十，每祭未尝不哭，以不逮养也。汝幼而无父，欲养无由，可不尽诚于祀典哉？"

每遇时物，虽微必献。未献，吾辈不敢先尝。

四兄善夜坐，尝至四鼓。余至更余辄睡，然善早起。四兄睡时母始睡，及吾起母又起矣，终夜不得安枕。

鞠育之苦，所不忍言。

二兄移居东墅，予与四兄从之学。

家僮名阿多者送吾二人至馆，及归见路旁蚕豆初熟，采之盈襭。

母见曰："农家待此以食，汝何得私取之！"命付米一升偿其直。

四兄闻而问母曰："娘虽付米，阿多必不偿人。"

母曰："必如此，然后吾心始安。"

四兄补邑弟子。母语余曰："汝兄弟二人，譬犹一体，兄读书有成，而弟不逮，岂惟弟有愧色？即兄之心，当亦歉然也。愿汝常念此，努力进修，读书未熟，虽倦不敢息，作文未工，虽钝不敢限，百倍加工，何远不到？"

乙卯，四兄进浙场，文极工，本房取首卷。偶以《中庸》义太凌驾，不得中式。后代巡行文给赏，母语余曰："文可中而不中，是谓之命；徜文犹未工，虽命非命也。尔勉之，第勤修其在己者，得不得勿计也。"

三兄早世，吾母哭之。哀告余曰："汝父原说其不寿，今果然。"

因收七侄、八侄教育之，如吾兄弟。

幼时茹苦忍辛，盖无一日乐也。

余与二侄同入泮，母曰："今日服衣巾，便是孔门弟子，纤毫有玷，便遗愧儒门。"

以是余兢兢自守，不敢失坠。

吾祖怡杏翁，置房于亭桥西浒间。父遗命授余。

母告曰："房之西，王鸾之屋也。当时鸾初造楼，而邑丞倪玑严行火巷之例，法应毁。汝父怜之，毁己之房以代彼。但就倪批一官帖，以明疆界而已。汝体父此意，则一切邻居皆当爱恤，皆当屈己伸人。尝记汝父有言，'君子为人，毋为人所容。宁人负我，我毋负人。倘万分一为人所容，又万分一我或负人，岂惟有愧父兄，实亦惭负天地，不可为人矣!'"

吾母暇则纺纱，日有常课。吾妻陆氏，劝其少息。曰："古人有'一日不作一日不食'之戒，我辈何人，可无事而食?"

故行年八十，而服业不休。

远亲旧戚，每来相访，吾母必殷勤接纳，去则周之。贫者必程其所送之礼，加数倍相酬;远者给以舟行路费，委曲周济，惟恐不逮。

有胡氏、徐氏二姑，乃陶庄远亲，久已无服，其来尤数，待之尤厚，久留不厌也。

刘光浦先生尝语四兄及余曰："众人皆趋势，汝家独怜贫。吾与汝父相交四十余年，每遇佳节，则穷亲满座，此至美之风俗也! 汝家后必有闻人，其在尔辈乎!"

九月将寒，四嫂欲买绵，为纯帛之服以御寒。母曰："不可。三斤绵用银一两五钱，莫若止以银五钱买绵一斤，汝夫及汝冬衣，皆以枲为骨，以绵覆之，足以御冬。余银一两，买旧碎之衣，浣濯补缀，便可给贫者数人之用。恤穷济众，是第一件好事。恨无力不能广施，但随事节省，尽可行仁。"

母平日念佛，行住坐卧，皆不辍。问其故，曰："吾以收心也。尝闻汝父有言，人心如火，火必丽木，心必丽事，故曰，必有事焉。一提佛号，万妄俱息，终日持之，终日心常敛也。"

四兄登科，报至吾母，了无喜色。但语予曰："汝祖汝父，读尽天下书，汝兄今始成名，汝辈更须努力。"

以上男袁衮录

跋

《庭帏杂录》者，吾内兄袁衷等录父参坡公并母李氏之言也。

参坡初娶王氏，生子二，曰衷，曰襄。衷五岁，襄四岁，王氏没，继娶李氏，生子三，曰裳，曰表，曰衮。衮十岁，参坡公亡，又二十七年，李氏弃世。故衷襄所录，父言居多，而衮幼，不及事父，独佩母言自淑耳。

参坡博学惇行，世罕其俦；李氏贤淑有识，磊磊有丈夫气。观兹录，可以想见其人矣。

钱晓识

附录三　袁了凡年表事略

林志鹏 撰

嘉靖十二年癸巳 1533　　　　　　　1 岁

十二月十一日，生于浙江省嘉善县。

嘉靖二十五年丙午 1546　　　　　14 岁

1. 七月初四，父袁仁去世。

2. 暂时放弃举业而学医。

嘉靖二十八年己酉 1549　　　　　17 岁

遇孔先生，重拾举业之学。

嘉靖二十九年庚戌 1550　　　　　18 岁

1. 进学（县考童生第 14 名、府考 71 名、提学考第 9 名）。

2. 拜唐顺之为师，伴其"自杭往越"，请教举业文章，深受其影响。

嘉靖三十年辛亥 1551　　　　　　19 岁

七月，听时任浙江提学薛应旂论为文之道。

嘉靖三十一年壬子 1552　　　　　20 岁

首次乡试失利。

嘉靖三十二年癸丑 1553　　　　　21 岁

春，造访罢官归家之薛应旂，请教作文之道。

嘉靖三十四年乙卯 1555   23 岁

1. 第二次乡试，"本房取首卷，以《中庸》义太凌驾，不得中试"。

2. 获奖于有司（"代巡行文给赏"）。

3. 所著《四书便蒙》《书经详节》刻行。

嘉靖三十七年戊午 1558   26 岁

第三次乡试失利。

嘉靖四十年辛酉 1561   29 岁

第四次乡试失利。

嘉靖四十三年甲子 1564   32 岁

第五次乡试失利。

嘉靖四十四年乙丑 1565   33 岁

与周梦秀（继实）、蔡天真（复之）等共结文社，砥砺道德，修习克己工夫。

嘉靖四十五年丙寅 1566   34 岁

与丁宾一同拜入王畿之门。

隆庆元年丁卯 1567   35 岁

以贡生入北京国子监学习。

隆庆二年戊辰 1568   36 岁

1. 应贡在京。

2. 终日静坐，不阅文字。

隆庆三年己巳 1569   37 岁

1. 南归，拜访栖霞山云谷禅师，悟立命之学。

2. 许愿行善事三千条，以求登科。

3. 改号"了凡"。

4. 游学南雍（南京国子监）。

隆庆四年庚午 1570　　　　　　38 岁

1. 参加南京礼部考试，得第一名（监元）。

2. 第六次乡试（应天府乡试），中举。

3. 冯梦祯中举。

隆庆五年辛未 1571　　　　　　39 岁

1. 首次参加会试失利。

2. 丁宾进士及第。

3. 与钱明吾修业于东塔禅堂。明吾"终日潜思，埋头经史"，了凡则"潇洒自任，或焚香静坐，或闲检梵册，并不留心举业"，然"每至会课日""文辄觉少进"。

隆庆六年壬申 1572　　　　　　40 岁

游学金沙，与于绍城兄弟往来。

万历元年癸酉 1573　　　　　　41 岁

1. 母李氏去世。

2. "谐幻余禅师习静于武塘塔院"。"因与幻余私议，谓释迦虽往，法藏犹存，特以梵筴重大，流传未广，诚得易以书板，梓而行之，是处处流通，人人诵习，孰邪孰正，人自能辩之，而正法将大振矣。"此即《嘉兴藏》（又称"径山藏""方册藏"）刊刻的最早动议。

万历二年甲戌 1574 　　　　　　　42 岁

第二次会试失利。

万历四年丙子 1576 　　　　　　　44 岁

与冯梦祯"谐上公车"，修业于北京护国寺。

万历五年丁丑 1577 　　　　　　　45 岁

1. 第三次会试，原本考中"会元"（会试第一名），但因"御夷"一策触考官忌而落第。

2. 冯梦祯高中会元。

3. 以举业之学而逐渐名重四方。

4. 著《举业觳率》，为士子所推重。

万历七年己卯 1579 　　　　　　　47 岁

1. 完成三千件善事。

2. 从李世达（渐庵）入关，未及回向。

万历八年庚辰 1580 　　　　　　　48 岁

1. 第四次会试失利。

2. 请性空、慧空诸上人回向。

3. 再许愿行三千善事，志在求子。

4. 得陆龟蒙遗址于分湖之滨，卜筑居之。

万历九年辛巳 1581 　　　　　　　49 岁

生子天启（袁俨）。

万历十一年癸未 1583　　　　　　　51 岁

1. 第五次会试失利。

2. 八月，圆满完成三千善事。

3. 起求中进士愿，再许愿行善事一万条。

4. 紫柏真可寄居于了凡汾湖之宅，了凡与之商议《方册藏》刊刻事宜。

万历十二年甲申 1584　　　　　　　52 岁

"遇密藏师兄与嘉禾之楞严，相与筹划（刻藏事宜），颇有次第，即命余草募缘文，而请益于吾师五台先生。厥后具区、洞观、健垒、宇泰诸兄弟相竭力谋之，事遂大集。"

万历十四年丙戌 1586　　　　　　　54 岁

1. 第六次参加会试。

2. 进士及第。王锡爵为主试，杨起元分校礼闱。

2. 吴县叶重第同榜进士。

4. 以礼部办事进士身份，协助赵用贤清算苏松钱粮，上《苏州府赋役议》，不用。

万历十六年戊子 1588　　　　　　　56 岁

1. 授顺天府通州宝坻知县。

2. 六月初九，到任伊始，发布《祭城隍文》。

万历十七年己丑 1589　　　　　　　57 岁

1. 秋，大雨导致本县狱墙倒塌，但因囚犯相戒守法，无一人逃逸。

2. 秋，幻余禅师至宝坻官舍，请求了凡作刻藏发愿文。

万历十八年庚寅 1590　　　　　　　58 岁

1. 收养叶重第之子叶绍袁（叶重第任玉田知县）。

2.《宝坻劝农书》付梓，杨起元为其作序。

3.《静坐要诀》付梓，保府州守马瑞河深服其说，执贽称弟子。

4. 夏，《祈嗣真诠》付梓。

万历二十年壬辰 1592　　　　　　　60 岁

1. 升任兵部职方司主事。

2. 朝鲜被倭乱，遣使来朝请援，了凡上书兵部尚书石星，力言战不如守。

3. 十月，朝廷以李如松为东征提督，派兵援朝。

4. 经略宋应昌奏请了凡"赞画军前，兼督朝鲜兵政"。

5. 与刘黄裳等浮海渡鸭绿江，调护诸师。

万历二十一年癸巳 1593　　　　　　　61 岁

1. 正月，明军在朝鲜取得"平壤大捷"。

2. 李如松遭遇倭寇埋伏，兵败碧蹄馆。

3. "以亲兵千余破倭将清正于咸境，三战斩馘二百二十五级，俘其先锋将叶实"。

4. 参劾李如松部下"割平民首级记功"，李如松等亦上疏弹劾了凡。

5. 朝中有拾遗弹劾了凡任宝坻县令时"纵民逋税"，遂遭削籍。

6. 五月，返乡，居于吴江赵田。

万历二十二年甲午 1594　　　　　　　62 岁

1. 隐居著述，四方求学者甚众。

2. 作《训儿俗说》授子天启。

万历二十四年丙申 1596　　　　64 岁

1. 受嘉善知县章士雅之邀，主笔重修《嘉善县志》。

2. 秋，作《圆通精舍募田碑记》。

万历二十五年丁酉 1597　　　　65 岁

1. 春，拜访杨起元于官邸，读其《四书近义》并为之作序。

2. 子天启入泮，随即"应试浙闱"。

3. 十月，为子天启举行冠礼。

4. 袁氏兄弟所编《庭帏杂录》付梓。

万历二十八年庚子 1600　　　　68 岁

作"立命之学"（即《立命篇》）。

万历二十九年辛丑 1601　　　　69 岁

1. 作《游艺塾文规》（内含"科第全凭阴德""谦虚利中""立命之学"三篇），"了凡四训"基本内容已备，但未有"四训"之名。

2. 十二月，周汝登作"立命文序"，以为了凡《立命篇》"于人大有利益""更引附古德语三条授客梓行。古德语者，一、葛繁事实；一、中峰善恶论；一、龙溪子祸福说"。付梓后名为《袁先生省身录》。

万历三十年壬寅 1602　　　　70 岁

1. 《游艺塾文规》付梓。

2. 冯梦祯作《寿了凡先生七十序》。

3. 作《紫柏可上人六十》诗，有"我已七旬君六十，莫留燕市滞浮名"之语。

万历三十一年癸卯 1603　　　　　　71 岁

1. 官方发布政令，令各提学官将《四书删正》《书经删正》"原板尽行烧毁，其刊刻鬻卖书贾一并治罪"。

2. 紫柏真可被难，圆寂狱中。

万历三十二年甲辰 1604　　　　　　72 岁

卧病林皋，仍然评析会试墨卷，撰《游艺塾续文规》。

万历三十三年乙巳 1605　　　　　　73 岁

1. 冯梦祯去世，作《祭冯开之文》。

2. 建阳余氏梓《了凡杂著》。

万历三十四年丙午 1606　　　　　　74 岁

七月，辞世。

万历三十五年丁未 1607

春，《立命篇》刻行，晏然居士作"立命篇叙"。《立命篇》内含"袁了凡先生立命篇""科第全凭阴德""谦虚利中"三篇（与《游艺塾文规》中所载"科第全凭阴德""谦虚利中""立命之学"相同）。

天启元年辛酉 1621

朝廷"追叙征倭功"，赠了凡"尚宝司少卿"。

天启五年乙丑 1625

子袁俨、养子叶绍袁进士及第。（后袁俨卒于高要知县任上，生有五子。）

崇祯十五年壬午 1642

了凡（袁黄）、袁俨父子同入吴江贤祠受享。

图书在版编目（CIP）数据

训儿俗说译注 /（明）袁了凡著；林志鹏，华国栋
译注 . —上海：上海古籍出版社，2019.11
（中华家训导读译注丛书）
ISBN 978-7-5325-9388-0

Ⅰ. ①训… Ⅱ. ①袁… ②林… ③华… Ⅲ. ①家庭道
德—中国—明代 ②《训儿俗说》—译文 ③《训儿俗说》—
注释 Ⅳ. ① B823.1

中国版本图书馆 CIP 数据核字（2019）第 234899 号

训儿俗说译注

（明）袁了凡　著
林志鹏　华国栋　译注

出版发行　上海古籍出版社
地　　址　上海瑞金二路 272 号
邮政编码　200020
网　　址　www.guji.com.cn
E-mail　guji1@guji.com.cn
印　　刷　启东市人民印刷有限公司
开　　本　890×1240　1/32
印　　张　7
版　　次　2019 年 11 月第 1 版　2019 年 11 月第 1 次印刷
印　　数　1—3,100
书　　号　ISBN 978-7-5325-9388-0/G·718
定　　价　39.00 元

如有质量问题，请与承印公司联系